Alfa Romeo

Alfa Romeo

アルファ・ロメオ | デイヴィッド・オーウェン／著
相原俊樹／訳

二玄社

アルファ・ロメオ
原　題　Alfa Romeo - Always with Passion

2012 年 7 月 30 日初版発行

著　者　デイヴィッド・オーウェン
訳　者　相原俊樹（あいはら としき）

発行者　渡邊隆男
発行所　株式会社二玄社
　　　　東京都文京区本駒込 6-2-1
　　　　〒 113-0021
　　　　電　話　03-5395-0511
　　　　http://www.nigensha.co.jp/
装　丁　小倉一夫
印　刷　株式会社　光邦

ISBN 978-4-544-40059-5

Originally published in English by Haynes Publishing
under the title: Alfa Romeo - Always with Passion,
written by David Owen,
© David Owen 2004

Japanese edition published
by arrangement through The Sakai Agency

Printed in Japan

JCOPY　（社）出版者著作権管理機構委託出版物
本書の無断複写は著作権法上での例外を除き禁じられています。複写を希望される場合は、そのつど事前に（社）出版者著作権管理機構（電話：03-3513-6969、FAX：03-3513-6979、e-mail:info@jcopy.or.jp）の許諾を得てください。

contents

序章　　6

1	アルファ・ロメオ 1900	18
2	アルファ・ロメオ　ジュリエッタ	32
3	アルファ・ロメオ　ジュリア	42
4	ジュリエッタとジュリア　スプリントとスパイダー	52
5	2000 と 2600　ベルリーナ、クーペ、スパイダー	66
6	デュエットと 1750、2000 スパイダー	74
7	1750 と 2000 ベルリーナ	88
8	ジュリア　1750 と 2000 ベルトーネ・クーペ	98
9	アルファ・ロメオ　アルファスッド	116
10	アルフェッタ　ベルリーナと GT	132
11	1980 年代と 90 年代のアルファ	144
12	新世紀のアルファ	159

謝辞　　174
インデックス　　175

ALFA ROMEO Always With Passion

Alfa Romeo
introduction
序章

　波瀾万丈の歴史に彩られた自動車メーカーを並べた、そんなリストがあるなら、トップに載るのはアルファ・ロメオに違いない。サラブレッドを生み出すメーカーが平坦な運命を辿った試しなどないものだが、さしずめアルファはその典型だ。同社はその長い歴史の間に、破綻の寸前まで幾度も追い込まれた経験をしている。アルファはもともと開発に長い時間と多くの労力、そして多額の資金を要する大型ラクシュリーカーを少量生産していた。ところが、気づいたときには市場の底がすっぽり抜け落ちていたという事態に一度ならず見舞われてきた。第一次世界大戦でダメー

アルファの第1号モデル。メロージによる巨大にして堂々たる1910年の24HPトルペード。(Alfa Romeo archives)

INTRODUCTION

ジュゼッペ・メロージはアルファの初代設計者だった。本人にとってもっとも野心的な作品、1914年のA.L.F.A. グランプリカーのステアリングホイールを握る。助手席は同僚のエンジニア、ファラジャーナ。(Alfa Romeo archives)

ジを被り、世界大恐慌で足もとをすくわれ、第二次世界大戦中は激しい空爆を受けた。とうに歴史のなかに姿を消していても不思議ではない。もし仮にアルファ・ロメオがなくなっていたらならば、自動車の世界はとてつもなく不毛になっていたことだろう。

幸い、現在のアルファ・ロメオは多くの名車を生んだ輝かしい伝統を持つメーカーとして、まずまず安泰な時期を迎えている。

同社の始まりは1906年、SAID (Societa Anonima Italiana Darracq イタリアーナ・ダラック株式会社）として始まった。その製品は当時のイタリアの道路事情にはまるで不向きで、信頼性も低く、エンジンはアンダーパワーだった。それに私腹を肥やしたいフランス人の起業家アレクサンドル・ダラックの思惑から、イタリア市場ではとんでもない安値で投げ売りされていた。

ダラックが読みを誤ったために、3年も経たないうちに同社は破産の瀬戸際まで追い込まれるのだが、却ってこれがいい結果に結びつく。組織変更を受け、社名がSAIDからAnonima Lombarda Fabbrica Automobili（ロンバルダ自動車製造会社）に変わったのだ。頭文字を繋げるとA.L.F.A. になる。名前だけではなく、これを機会に製品も改まったことが会社の将来を救った。建築物の検査官から自動車設計家に転身したジュゼッペ・メロージが雇われて、頑丈で信頼性の高い、従来よりパワフルなクルマを製造することになる。アルファの第1号車は1910年に生まれた24HPモデルである。

この24HP型は4人乗りで車重が1トン以上あり、のんびりとした4ℓエンジンによる最高速も100km/hに過ぎなかったが、それでも動力性能はダラックより良いものになった。その後、メロージは同じ設計でやや小型軽量の2413cc版も作っている。この15HPモデルには3段ギアボックスが備わり、なんとか90km/hを出した。

どちらもスポーティなキャラクターを売り物にするモデルではないが、当時の劣悪なイタリアの道路にあらゆるクルマが苦戦するなか、抜群の耐久性を発揮して人気となり、同社を破産から救った。メロージの手堅い設計にはもうひとつメリットがあった。エンジンを設計する際、強度を充分に取ったのでパワーアップする余地を充分に残していたのだ。改良が進みパワーが向上するにつれて、性能も上がっていった。この製品は大ヒットする、アルファの経営陣は確かな手応えを感じた。

1911年、経営陣はスポーツイメージを一気に高めようと考える。それにはふたつの方法があった。ひとつはまったく新しい高性能車を設計して、アルファを生粋のスポーツカーメーカーにすること。もうひとつはレースへの進出だ。結局、彼らはレースを採るのだが、何ごとも石橋を叩いて渡るアルファの流儀で、注意深く歩を進めていった。

今と比べれば、当時レーシングカーを作るのは難しいことではなかった。ボディ、後席、マッドガードなど、なくても構わないパーツをすべて取り払って可能な限り軽量化を図る。次に信頼性を損なわない程度に軽くエンジンをチューンしてパワーを上げればレーシングカーの完成だ。レース仕様の24HPコルサはダッシュボードから後ろはベアシャシーのままで、シートもドライバーとライディングメカニック用のバケットタイプが2脚だけと市販型と大違いだった。しかしアルファのチューンがいかに慎ましかったかは、数字を見ればわかる。15HPから流用したアクスルを使って車重は12%ほど軽い870kgに仕上がったが、最高速はおよそレースカーらしからぬ110km/hに過ぎなかった。

こうして作られた2台は、1911年当時もっともタフでチャレンジングなレース、タルガ・フローリオにエントリーする。シチリア島北部の荒れた山間路を444kmに渡って走る壮大な競技だ。豪雨のなか行われたこの年のタルガでは、2台とも途中でリタイアした。翌1912年のタルガは島の沿岸部を1周する1048kmのコースを舞台に行われ、ア

図体は大きいが、俊足でしかも盤石の信頼性を備えていたアルファ40-60。総合2位でフィニッシュした1913年のパルマ～ポッジョ・ディ・ベルチェート・ヒルクライムにて。アルファのテストドライバー、ニーノ・フランキーニが写っている。(Alfa Romeo archives)

ルファは1台だけエントリーしたが、やはり完走できなかった。しかしモーターレースの世界にためらいがちに踏み込んだ、成功を収められなかった最初の一歩こそ、同社が今後辿るべき道を定める起点になったのである。

1913年、メロージは大型でパワフルな40-60HPを作った。巨大な6082cc 4気筒エンジンは初めて効率のよいOHVを採用し、オリジナルの24HPが42bhpだったのに対し、73bhpを発揮した。車重は1250kgに増えたが、それでもレース用にストリップダウンした40-60HPコルサは137km/hが可能で、長距離レースでは数時間にわたりこのスピードを保つことができた。

40-60HPコルサは生まれながらのウィナーだった。初戦のパルマ～ポッジョ・ディ・ベルチェート・ヒルクライムではクラスの1位、2位を占めたばかりか、総合で2位の最速タイムを出した。次いで1914年5月、タルガの短縮版で同じ山岳路を走るコッパ・フローリオに2台がエントリーして、今度は総合の3位と4位でフィニッシュして見せた。

これで経営陣の腹は決まった。とことんレースに賭けてみようと。メロージに純粋なグランプリカーを設計するよう指令が下った。だが、いかに当時のテクノロジーが単純で荒削りとはいえ、グランプリはレースの最高峰である。出場するマシーンを開発するのは専門的かつ資金のかかるプロジェクトに違いはなかった。それでもメロージは強い意志をもって仕事に取りかかる。アルファの誕生以来、同社の市販車とレースカーのシャシーはすべて彼のオリジナル設計だった。頑丈なことでは折り紙付きのそのシャシーに、メロージは軽量かつコンパクトという新たな要素を織り込んだ。

いっぽう、エンジンには野心的なアプローチを採った。競争力のあるレーシングカーにとりわけ求められるのはリッター当たりの出力が高いエンジンだ。その要求値はメロージが市販車で実現したレベルよりずっと高い。そこで彼はこれまでのOHVから、一気にDOHCへと進化させる。

燃焼室のルーフ部分の面積を大きく取って、可能な限りバルブを大径化するため、吸気と排気バルブを垂直軸に対して同じ角度に傾けて、ほぼ半球形の燃焼室を作った。このレイアウトなら混合気が爆発する部分のもっとも近く、つまり燃焼室の頂点にバルブを置くことができる。次に燃焼効率を高めるべく、点火プラグをシリンダーの中央、2列に並ぶバルブの中間に置いた。ヘッドは吸気と排気バルブを各専用のカムシャフトが駆動するDOHC。シンプルかつ効率的にして、高回転でもバルブサージングを防ぐ駆動方法である。

最高峰のレースで求められる高度なメカニズムを設計した経験がないにもかかわらず、メロージは短時間で素晴らしい仕事を成し遂げた。4492ccエンジンのパワーは88bhp。40-60HPコルサ比で排気量は25%少ないのに、パワーは17%増えた。

だがそれでも同様な排気量のライバルに追いつけなかった。シャシーとボディもまだ大きすぎ、とりわけ870kgの車重はライバルよりはるかに重かった。故にメロージは好成績を狙える生粋のグランプリカーを作ったとは言いがたい。むしろ彼の功績は、その後60年以上にわたり量産モデル、スポーツレーシングカー、GPマシーンに搭載され、肩を並べるもののない実績を上げたアルファ・ロメオ・エンジンの根幹をなすレシピを定めたことにある。

恵まれた環境から戦争で一変した自動車生産

メロージの1914年製グランプリカーが活躍できる時間はわずかしかなかっ

た。デビュー戦としてブレシア・サーキットのレースにエントリー。レース前のテスト走行では147.99km/hを出してかなり有望と思われた。しかしテスト走行とレースが行われているあいだにヨーロッパでは第一次世界大戦が勃発して、モーターレースはすぐさま取りやめとなり、エントリーしたレースも中止になってしまったのだ。

次に進むべきは市販車の市場だったが、イタリアが参戦した1915年、アルファはイタリア陸軍に納める定置式発電機用に15-20HPエンジンを製造するように命じられる。その後は北の山岳地帯でオーストリア・ハンガリー帝国の攻撃を撃退するのに大わらわだった。またしても会社の行くすえは暗く思えたが、ここでも救世主が登場して窮地から救い出すことになる。

その救世主はニコラ・ロメオ。実業家にして採掘技師、クルマには興味はなかったが、成功を収めた辣腕ビジネスマンだ。ロメオが同社を買収し、社長職を引き継いでからわずか2年にして、アルファはトラクター、鉄道車両、航空機エンジン、ポンプ、コンプレッサーのメーカーに様変わりしていた。すべての株を買い取ったロメオは、アルファをロメオ・グループの傘下に入れる。このときは自動車製造など、戦争前の楽しくもはるか遠い思い出に変わってしまったかに思えた。

しかしそれも第一次大戦が終わる1918年までのこと。ひとたび砲声が鎮まるとロメオ・グループの製品はその大半が需要を失い、巨大な製造設備の使い途を探さざるを得なくなった。自動車は不足状態で、市場はにわか景気に沸き、景気が回復するスピードにパーツと原材料の供給が追いつかないほどだった。アルファは戦争が勃発したときに蓄えていたパーツで1914年モデルを製造、その場をしのいだ。しかし本当に求められたのは新しい設計と新たな市場策だった。

新しい社名も必要だった。「アルファ」という社名は、そのエンブレムをつけた自動車と同じように時代遅れになっていた。「ロメオ」は重工業と業務用機械製造の名称で、自動車の顧客層には特に意味を持たなかった。しかしこのふたつ、過去と未来を結びつけるというアイデアは、高品質と機能性で名声を得た堅実なエンジニアリング・グループの傘下となったアルファにとって、結果的に見事な解決策となった。アルファ・ロメオ。現代工業史のなかでも指折りの有名メーカーがここに誕生する。

いっぽう、新しい名前を冠したニュ

ニコラ・ロメオ。自動車愛好家というよりはビジネスマンだったロメオは、生まれたばかりのアルファを窮状から救い出し、偉大なメーカーへと繋がる路線に乗せた功績者だ。(Alfa Romeo archives)

ーモデルの設計はそれほど簡単ではなかった。最初、メロージは戦前の40-60HPモデルのシャシーを伸ばして、オリジナルよりさらに重いボディを載せた。車重1500kgに達する、G1と名づけられたこのモンスターに、彼は初の6気筒エンジンを設計する。しかし6330ccという巨大な排気量のエンジンは、進歩的だったアルファの特徴を捨ててサイドバルブに退化、シングル・キャブレターによる最大出力はわずか70bhpに過ぎず、113km/hまで引っ張るのが精一杯だった。

G1はいかんせん大きすぎるし、高価で燃費も悪い。戦争が終わり、新時代の製品を求める顧客には受け入れがたい代物で、商業的には大失敗だった。アルファの名誉のためにいうなら、彼らは失敗にいち早く気づいて小型軽量のG2を送るのだが、いったん傷ついた評判はいかんともしがたく、二度続けての失敗になる。

またしてもアルファには救済が必要になった。今度は自分が犯した戦略上の失策が原因だ。けがの功名というべきか、このときはモータースポーツでの活躍が販売を助けた。戦後初のイベントに同社のレース部門は手持ちのマシーンで全力を尽くした。1919年のパルマ〜ポッジョ・ディ・ベルチェート・ヒルクライムでクラスウィンを飾ったのを皮切りに、戦前の24HPとその後継車20-30HPモデル、さらには旧くて大きい40-60HPモデルのレース版が一連の勝利を収めた。遡る1914年製のグランプリカーまでも戦闘力は衰えをみせず勝利の一歩手前までいった。1921年ブレシア・スピード・ウィークのレースのひとつ、443kmのグラン・プレミオ・ジェントルマンで、最終ラップの最後で大量の冷却水を失い、惜しくもリタイアするまで先頭を走っていたのだ。

しかしレースの世界でも時代は変わりつつあり、いつまでも戦前のマシーンで戦うことはできなかった。1921年のグランプリ・フォーミュラは排気量の上限を3ℓと定めており、いずれにしても1914年のGPレーサーは出場できなくなった。そこでファクトリーは6気筒レース用エンジンの開発に取りかかるのだが、なぜか従来のDOHCからプッシュロッドとロッカーアームによるOHVに退化してしまう。シングル・キャブレターの2916ccから56bhpを発揮したが、リッター当たりの出力では、先進的だった1914年マシーンとさして変わらなかった。悪いことに、3ℓエンジンの準備が整ったところでルールがまた変わり、1922年シーズンは排気量の上限が2ℓになったため、この6気筒は戦わずして姿を消す。

しかしながら新型6気筒は市販車のエンジンとして有望で、これを載せたRLシリーズはアルファにとって成功作になる。第一弾のRLだけはG1より重いボディが足を引っ張ったが、同社はG1で得た教訓をその後のRLで活かした。1922年、メロージはショートホイールベースの軽量シャシーに強化版エンジンを搭載した新型を作る。ボアを拡げて2994ccとしたうえで大径バルブを組み、圧縮比を高めると同時にコンロッドの強度を上げたエンジンは76bhpを発揮、RLS、すなわちRLスポルトができあがった。

RLの要改良点を完全に修正したのがRLS、これこそアルファが求めていたモデルだった。130km/hの最高速を誇るRLSの需要は増え始め、生産量も伸びていった。そしてアルファは、ショートホイールベースのシャシーにスリムなレース用ボディを載せたRLSのレース版により本当の意味で質的変化を遂げる。圧縮比を高め、ボアを拡大した6気筒は88bhpを、さらには95

RLシリーズ中、最大にしてもっともパワフルだったのがRLSS。メロージによる6気筒プッシュロッドOHVは計画倒れに終わったグランプリカー用に設計されたエンジンだった。RLSSから一連のレース用スポーツカーが生まれて好成績を収めたのはいかにもアルファらしい。この堂々たる1925年バージョンはカスターニャ製のボディを載せている。(Alfa Romeo archives)

bhpを発揮。クロスレシオのギアボックスを始めとする一連の改良により、レース仕様のRLTF（RLタルガ・フローリオ）の最高速は145km/h、そして158km/hへと伸びていった。RLTFにより、今度こそアルファ・ロメオの名前は国際的なレースシーンで人々の記憶に刻まれることになる。

とりわけアルファの名前を知らしめたのは1923年のタルガでの大勝利で、RLTFは総合1、2、4位に入賞する。翌1924年にはストロークを延長して、排気量を3620ccとし、出力が125bhpに、最高速が177km/hに上がった。このモデルは同年のタルガで総合2、4、9位でフィニッシュしたほか、多くのレースで勝利を収めた。これで市販モデルにも弾みがつく。RLSとRLSS（RLスーパー・スポルト）と名づけられたロードモデルが好調に売れたばかりか、ベーシック版のRLN（RLノルマーレ）の販売も押されて伸びていった。

才能と経験で最新の設計をもたらしたヤーノ

しかしアルファのターゲットは、やはりグランプリだった。当初GPR（グランプリ・ロメオ）、のちにP1と呼ばれるメロージ2番目のGPマシーンは1914年モデルの設計に戻り、V字形に相対する吸排気バルブが半球形燃焼室を形成し、2本のOHCがバルブを駆動した。この6気筒ではライナーはシリンダーにはめ込まれ、軽量化のため鋼板を溶接したシリンダーブロックはアルミのクランクケースにボルト留めされる。

1914年のGPマシーンよりホイールベースが短く、はるかに軽量なシャシーにシンプルな流線型ボディを載せた結果、競争力をぐんと高めたP1は1923年に登場する。とはいえ850kgの車重に2ℓの80bhpでは、当時グランプリで無敵の存在だったフィアットに対し勝ち目は薄かった。1923年のイタリアGPに3台のワークスマシーンがエントリーするが、そのうちの1台を操縦するウーゴ・シヴォッチ（同年タルガのウィナーだ）がレース前のテスト走行でコースから外れ、死亡した。残る2台は彼の死を悼んでレースを欠場、P1は一度も実戦に出ることなく姿を消した。

この一件は最終的にアルファにいい結果をもたらしたといえる。メロージは信頼性の高い市販車の設計は一流だったが、勝てるグランプリカーを生むノウハウの持ち主ではなかった。そこで一計を案じたアルファ首脳陣は、フィアットのGPマシーンを設計したヴィットリオ・ヤーノを引き抜こうと動き出す。エンツォ・フェラーリはこのころアルファのワークスドライバーになっていた。そのエンツォと親しいルイジ・バッツィがヤーノをよく知っていたのだ。デリケートな交渉のすえ、ヤーノはトリノのフィアットからミラノのアルファ・ロメオに移籍する。1923年9月のことだ。

ヤーノはアルファにとって最高の買い物だった。群を抜いた才能、豊かな経験、レーシングカーの設計における最新の知識の持ち主ヤーノ。彼を迎えた

1982年のヒストリックカー・イベントに姿を現したヴィットリオ・ヤーノ設計のP2グランプリカー。フィアット805の設計を忠実にフォローしたマシーンだったが、1925年、アルファ・ロメオに初のワールド・タイトルをもたらした。(LAT)

アルファのレース活動は一変する。歴史が浅いにもかかわらず、アルファはイタリアGPで大勝利を収める。レースの成功は乗用車市場の確たるシェアに繋がった。ヤーノが参入して以降、アルファは第二次大戦前の最良のエンジニアリングと、イタリア流の洗練された設計をシンボライズした一連の市販モデルを送り出すのである。

ヤーノによる革命はレース部門のワークショップから始まった。次期GPマシーンP2のエンジンはトリノ時代にヤーノが作り、フィアット805に搭載された直列8気筒に驚くほど似ていた。半球形燃焼室、V字形に相対する2列の吸排気バルブ、2本のOHC。ここまではメロージのアイデアと同じだ。しかしヤーノはその先のディテールで独創的な手腕を振るう。1987ccの排気量を8個のシリンダーに振り分け、パワーと信頼性を両立させるべく周到な策を講じたのだった。

ALFA ROMEO Always With Passion

　長いクランクシャフトは2本に分割されて入念なバランス取りをされ、10個のローラーベアリングが支える。カムシャフトを支えるのも各10個ずつのベアリングだ。そしてP1との最大の違いはスーパーチャージャーを装着したことだ。アルファ自製の過給器はエンジンスピードの1.25倍で駆動される。過給器はP1でテストされ、最大出力は20％以上向上して118bhpになり、P1を200km/hで走らせた。

　P2ではこのエンジンの旨みをさらに活かす設計がされている。シャシーは徹底した軽量・コンパクト化が図られ、空気抵抗と前面投影面積の小さなボディが載る。重量軽減には目覚ましいものがあり、スーパーチャージャーによる重量増にもかかわらず、P2はP1より125kgも軽く仕上がった。エンジンは140bhpを発揮、最高速は224km/hに達した。

　かくしてアルファはようやく正真正銘の競争力を備えるグランプリマシーンを手にした。果たしてP2はすぐさま実戦で実力を発揮する。デビュー戦は1924年6月のクレモナ・サーキットでのレースで、早くも1勝を挙げる。8月にリヨンで開かれたヨーロッパGPはさらに意味深い勝利となった。これまで無敵を誇っていたフィアットのGPチームは、アルファの盤石の勝利を目の当たりにして、このレースを最後に撤退を表明、以後二度とグランプリに復帰することはなかった。P2はモンザで開かれたシーズン最終戦のイタリアGPにも勝利、途中参戦にもかかわらず、デビューシーズンを目覚ましい成績で終えた。これを見てヤーノは心に決めた。来シーズン、必ずやアルファ・ロメオにワールドタイトルをもたらすと。

　翌1925年、P2はベルギーのスパで行われたヨーロッパGPに勝利する。チームドライバーのアスカリが事故で命を落としたためフランスGPは欠席したが、イタリアGPでは3台のワークスP2が1、2、4位に入り、アルファにワールドタイトルをもたらした。その後プライベートドライバーの手でP2は数多くの勝利を記録する。1930年のタルガ・フローリオではヴァルツィが刷新されたP2で快勝、長年続いたブガッティの優位を覆した。しかしP2がもたらしたもっとも価値ある遺産は、ここから様々な生産モデルが生まれたことだ。そしてP2から生まれた生産モデルも、レースで素晴らしい記録を残すのである。

　1920年代も中盤に入ると、RLシリーズは燃費が悪いうえに大きすぎて扱いづらいクルマになっていた。当座しのぎとしてRLベースの4気筒RMシリーズが作られたが、アルファはコンパクトで扱いやすいモダーンな市販車を必要

ヤーノによる6気筒DOHCエンジンを搭載した小型高性能市販車の第一弾が6C 1500だった。この1928年のスパイダーはスプリットスクリーンと直立したラジエターグリルを備える。
(Alfa Romeo archives)

INTRODUCTION

ヤーノがアルファ・ロメオのために設計した最初の市販車用エンジン。直列6気筒、半球形燃焼室、DOHCという同社の特徴となるフォーマットがこれで決まり、その後60年にわたり継承された。写真は6C MMSのエンジン。(LAT)

としていた。そして1921年のレース用6気筒からRLが生まれたのと同じように、P2から新しいサラブレッドの系譜が生まれる。基本コンセプトはP2の8気筒をベースにして、ここから2気筒を取り払った6気筒の1.5ℓと決まった。

スーパーチャージャーも取り外され、1列配置のバルブを1本のOHCが駆動した。圧縮比を低く設定し、キャブレターも1基だったのでパワーは44bhp。このエンジンには、大きく重いボディをそこそこのスピードで走らせるのは負担で、このあたりの事情は最初のRMとよく似ている。アルファがワールドチャンピオンに輝いた1925年、シリーズ第一弾の6C 1500の設計は完成したが、生産化にはさらに2年を要した。

動力性能が期待はずれだったのもRMと同じだが、売れ行きは出足から好調だった。おそらく顧客が、成功したGPレーサーとイメージをダブらせたためと思われる。実はP2から1500に姿を変える過程で、ヤーノは充分なマージンを取っていた。つまり開発の余地は十二分にあったわけで、まもなく同じ基本テーマながらドラマチックなスタイルと、ドライバーを鼓舞するスピードとレスポンスを備えた一連の派生モデルが登場する。

第一弾は1928年の1500スポルトである。グランプリレーサー並みの半球形燃焼室とDOHCを備えてパワーは54bhpに、最高速は125km/hに達した。しかしショートホイールベースの6C 1500スーパー・スポルトが現れるとすぐにスポルトの影は薄くなる。高圧縮比のエンジンは60bhpを発揮、最高速も130km/hに伸びたからだ。さらにシリーズトップモデルにはスーパーチャージャーが備わり、76bhpと140km/hを謳った。

本気でパフォーマンスを高めるなら排気量を増やすしかない。1929年、ヤーノはボアとストロークを大きくして6気筒の1752cc版を作った。これが世に有名なアルファ1750シリーズである。1750も1500とまったく同じ進化の過程を辿る。スタートはシングルカムの46bhp、これでは愛好家にはもの足りない。しかしツインカムの6C 1750スポルト、スーパー・スポルト、さらには6C 1750グラン・スポルトが加わっていった。

スーパーチャージャーを備える6C 1750グラン・スポルトは掛け値なしのハイパフォーマンスカーだった。2シーターのスパイダーは85bhpで145km/hを超え、コンパクトなクローズドルー

1930年に排気量が1752ccへと大きくなった。この6C 1750 4シーターツアラーは1930年製。ラジエターグリルが後ろに傾斜してスポーティな外観を演出している。(LAT)

13

ALFA ROMEO Always With Passion

フのグラン・ツーリスモ（アルファ初の本格的なGTモデルだ）でも135km/hが可能だった。さらに1750シリーズのハイスペック版にはこれをはるかに上回る最高速が出るモデルもあった。このころにはサーキットで活躍する役目は6Cシリーズが担うようになっていた。

例えばワークスの1750では高い圧縮比に耐えるようにヘッドとブロックを一体鋳造（テスタ・フィッサ）としたうえで、大径バルブを組み込み、102bhpというハイパワーを発揮。軽量ボディも手伝って最高速は160km/hに達した。しかも生まれ持った高い信頼性に変わりはなく、1750は1929年と30年のミッレ・ミリアを筆頭に、数多くのレースに優勝した。

1920年代終盤、会社の未来は洋々たるものに思えた。様々な6気筒モデル（1900cc版もあった）を生産すると同時に、上級市場に移行する時期が来たと経営陣は判断し、これを受けてヤーノは2336ccの直列8気筒を設計する。簡単にいえば1750の6気筒に、もともとあった2気筒を戻したのだが、そこはヤーノのこと、P2の8気筒GPエンジンを生産型へと単純に焼き直したのではなく、巧妙な工夫を凝らした。

可能な限りシンプルかつ信頼性の高いエンジンにするため、ヤーノは8気筒エンジンを2分割したうえでカムシャフト駆動機構をセンターに挟んで背中合わせにした。こうしてひとつになったエンジンには4気筒分のクランクシャフトが2本、カムシャフトが4本走っており、それぞれの長さはP2エンジンの半分に相当した。カムシャフトは1本につき6個のブロンズベアリングで、クランクシャフトは1本につき5個のローラーベアリングで支えられる。このエンジンには最初からスーパーチャージャーが備わ

ヤーノによる見事なストレート8を搭載した8C 2300。シャシーはコルト（ショートホイールベース）と、ルンゴ（ロングホイールベース）の2種類があった。この素晴らしいスパイダーはモンテ・カルロ・ラリーの復刻版に出場した。(LAT)

ヤーノは2基の4気筒を背中合わせにして8気筒エンジンを作った。カムシャフト駆動機構はカムカバー中央の"こぶ"のなかにある。(LAT)

った。入念な開発作業は素晴らしい結果をもたらし、オリジナルの2300エンジンは実に138bhpを発揮、これはリッター当たりの出力で1750のワークス・レーシングエンジンを上回る高効率だった。

8C 2300は1931年にデビューした。ホイールベースには長短2種あり、ショートホイールベースのコルトは1750と比べてもさほど大きくはなく、いっぽうルンゴは堂々たるボディを載せていた。これほど高品質なクルマが安いはずはなく、2300の価格は1750のほぼ2倍に達した。しかし8C 2300の不幸は登場するタイミングが最悪だったことだ。アルファがこのモデルの大々的な開発計画に着手したのも、1925年から遠ざかっていた金のかかるGPレースに復帰したのも、ちょうど大西洋を渡って大恐慌の嵐が吹いてきたときだった。そんな時期に、いかに忠実なファンでも高価な8C 2300を買う余裕はなかった。

この不況が浸透するにはしばらく時間がかかった。その間、高圧縮比と大径バルブで155bhpにチューンされた2300のワークスレースカーは実力をいかんなく発揮、1931年のタルガ・フローリオと1932年のミッレ・ミリアに優勝した。ヤーノの予定表に載っていた次なるモデルは純レース仕様の2300。流線型のボディに高い過給圧を組み合わせ、1934年から発効する750kgフォーミュラで優位を目指す。

この純レース版は、1932年にモンザで開かれたヨーロッパGPに2台がエントリーされ1-2フィニッシュを成し遂げた。この勝利を称えてモンザと名づけられた同バージョンはその後のアルファ

ヤーノによるモノポスト・グランプリカーP3は世界を席巻する傑作だったが、大恐慌のあおりを食ってアルファの財政状態が危機に瀕したため、長期的に活躍することはできなかった。同社がレースに復帰したころには、大きくパワフルなドイツ勢の独壇場となっており、P3はわずかな勝利を手にしたに留まる。シャシーのメインメンバーは後方でキックアップしてリアアクスルをクリアしている。P3にはプロペラシャフトが2本あり、左右の後輪を別個に駆動する。(LAT)

アルファが1933年にP3をグランプリレーシングから引っ込めてしまったため、スクーデリア・フェラーリは当座しのぎのマシーンに頼らざるを得なくなった。しかしそれは当座しのぎというには極上の内容で、事実上GPマシーンそのものだった。ベースになったのは市販車の8C 2300。1931年のヨーロッパGPでデビューするなり優勝したのを記念してモンザと名づけられた。写真は1932年のチームカー。ラジエターグリル周囲にスロットが開いているのがモンザの特徴だ。(LAT)

ALFA ROMEO Always With Passion

のレーシングヒストリーで、毎シーズン大きな役割を果たしていく。しかし開発の手を緩めないヤーノは、エンジンとシャシーを徹底的に改良したシングルシーターを作る。史上もっとも美しいマシーンのひとつ、P3である。

エンジンの設計は8C2300に準じるが、吸排気の設計が逆（P3は右吸気）となり、細部は異なる別エンジンだ。排気量を2654ccに拡大した。大径バルブと2基のスーパーチャージャーにより、パワーは215bhpに向上した。ライディングメカニックの同乗を求めるレギュレーションが廃止になったので、ボディは細身のシングルシーターとなった。P3は初期型でも232km/hに到達し、無類の強さを発揮する。

1932年、P3はマルセーユとブルノを除くすべてのGPで快勝、デビューシーズンにしてアルファに2度目のワールドタイトルをもたらす。来るべき1933年シーズンは前年の再現にしかならないだろうと思われたそのとき、経済不況とそれによる販売不振がアルファを見舞う。注文が激減したため、赤字転落を免れるには必要不可欠なもの以外の出費を切り捨てるしかなかった。レース計画はまっ先に棚上げになる。

しかしここでまたしても救世主が登場して、会社を財政危機から救った。今回の救世主はほかならぬイタリア政府であった。レース界でこれほど高い名声を海外から得ているメーカーを失ってはならないと乗り出したのだった。だが資金が投入されたころには、レースはアルファの手が届かない先に進んでいた。1934年に750kgフォーミュラが発効になるが依然として排気量は無制限で、パワー競争に拍車がかかり、グランプリで第一線に留まるには巨額のキャッシュを要した。こうしたなか、メルセデス・ベンツとアウト・ウニオンのドイツ勢が徐々に優位に立っていく。ナチ政権をバックにした彼らは、高度なテクノロジーと無尽蔵の資金を投入したマシーンを送り出してきた。

アルファにとって1930年代の残りは、ひたすらフラストレーションがたまる時期となる。大型で複雑なエンジンを投入して先行する新たなライバルに、水をあけられないようにするのが精一杯だった。ムッソリーニ政権が熱望する勝利もたまにはあったが、アルファの軍用車と航空エンジンは新しい再軍備計画にとってますます重要になってい

ショートホイールベースの8C 2900 スパイダー。ボディはアルファ自身のデザイン。(LAT)

く。だから第二次世界大戦が勃発する1939年まで、政権からアルファへのバックアップは途絶えることがなかった。

経済不況は生産型アルファにもふたつの影響を及ぼした。ひとつは会社の財政事情を考えるに、1750と2300の後継車がぜひとも必要なこと。もうひとつはこれまでよりはるかに現実的な価格の製品を製造・販売せざるを得ないこと。ヤーノは6気筒のなかで一番大きな1900ccエンジンをベースに、ボアとストロークを大きくして2306ccの6気筒を作り、鋼板溶接構造による箱形断面のシャシーに搭載した。これが1934年に登場する6C 2300だ。実用的ボディの6C 2300は、それでも120km/hの最高速を出した。圧倒的高性能ではないが、8気筒モデルの半分の価格でエンジョイできる充分な性能だった。果たして注文は徐々に増えていき、モデルイヤー1年目にオーナーの手に渡った6C 2300の台数は、8C 2300が4年がかりで作った総数の2倍を上回ったのである。

実用車といえどもアルファの血は争えずレース版が登場、その1台はデビュー戦のペスカラ24時間レースに優勝した。これを記念してショートホイールベースの軽量GT、ペスカラが生まれる。6C 2300の後期型は油圧ブレーキを備え、前後サスペンションが独立になった。さらに1939年、ボアを拡大した2433cc版が6C 2500の名前で登場する。ただしこのころには、自動車はスペックシートの内容だけで売れる商品ではなくなっており、新しいモデルほど内外装が豪華になっていった。なおスーパーとスーパー・スポルトもラインナップに加わったが、モデルが新しくなるごとに生産量は減っていった。

実情は、ファシスト政権のイタリアは戦争に全精力を傾けており、自動車の製造は徐々に脇に追いやられていたのだ。国威発揚のため、国営企業のアルファ・ロメオには商業的に魅力的な商品ではなく、国民の志気を高めるクルマが求められ、販売台数よりスペックが重視された。こうした時代背景はヤーノ屈指の名作に端的に表れている。レースで育まれたコンセプトをこれまで以上に旺盛に取り入れた市販車だ。

そのプロジェクトはスポーツレーシングカーとしてスタートした。ベースは全輪独立式サスペンションを備えるティーポCのシャシーだった。ティーポCはP3の後継車として開発されたレーシングカーだ。エンジンはP3用から派生した220bhpを発揮する2905cc、流線型のスポーティなボディが載った。これがヤーノと彼のチームが1935年に世に送り出した8C 2900A、最高速230km/hを誇るアルファのスポーツレーシングカーである。最初に作られた5台のうち3台が1936年のミッレ・ミリアにエントリーされ、1位から3位を独占、アルファの伝統であるタフネスをいかんなく発揮して周囲を感嘆させた。

レース用の8C 2900Aは結局6台が製造されただけだったが、ロードゴーイングの2900Bも作られたのはごく少数だった。直列8気筒は180bhpにデチューンされたが、アルファの歴史を

1938年のルマン用にカロッツェリア・トゥリングが8C 2900のシャシー上に製作したスペシャルボディ。空力重視の、レース専用ボディとは思えぬ華やかなデザインだ。(LAT)

通じてルックスの魅力的なことでは屈指の1台に仕上がっている。8C 2300同様、ホイールベースには長短2種があり、20台が生産されたコルトには2シーターボディが載り、185km/hの最高速を謳った。ルンゴはさらに少数で10台しか作られず、スパイダー、クーペ、カブリオレの堂々たるボディが175km/hの最高速を誇った。

8C 2900は第二次世界大戦前のアルファ最後の名花として大輪の花を咲かせる。しかしこのときヨーロッパは戦争への坂を転げ落ちており、ようやくその将来が安泰と思われた矢先に、アルファは経験したことのない難局に直面する。これまでの問題は資金、顧客、設計部門のアイデア不足、鍵を握るモデルのパフォーマンスが足りないことが原因だった。しかし今度の脅威は敵の爆撃機だ。彼らの落とす爆弾で、ファクトリーの60%以上ががれきと化す。このときアルファ・ロメオの将来には、一筋の光も見えなかったのである。

ALFA ROMEO Always With Passion

Alfa Romeo 1900

アルファ・ロメオ 1900

第二次世界大戦が終結し、自動車製造に自信を取り戻したアルファは、戦前モデルの6C 2500をベースにした"フレッチア・ドーロ（金の矢）"を世に送り出し、息を吹き返した戦後の高級車市場でシェアを獲得した。(LAT)

　第二次世界大戦がようやく終わった1945年初夏、アルファ・ロメオのポルテッロ工場は廃墟と化していた。戦争末期の数か月、設計チームは空爆を逃れてミラノを離れ、そこからほど近いオルタ湖畔にワークショップを開いて将来モデルの計画を立てていた。

　こうして生まれたのがエレガントな流線型のベルリーナ、ガゼッラである。生まれた場所が違うだけでなく、他の部分でもこれまでのアルファと大きく異なるプロトタイプである。

　戦前の最後を飾ったアルファと比べるとガゼッラは小型軽量で、地味すぎるほど控えめである。エンジンは2ℓの85bph。曲面からなるボディはモノコック構造で、テールはファストバック、ドライバーに加え4人が乗車することができる。サスペンションは全輪独立、車重は2500より500kgほど軽く、160km/hにあともう一歩と迫る最高速と、見合うハンドリングを備えていたと思わ

1. ALFA ROMEO 1900

デビューイヤーの1950年製アルファ・ロメオ1900。大量生産を前提にした初のアルファだったが、戦争で痛めつけられた工作機械が入れ替わるまでは、工具によるハンドビルドだった。(Alfa Romeo archives)

れる。ガゼッラはアルファ・ロメオがようやく時代の趨勢から学んだことをはっきりと示していた。大きな市場をターゲットにした、比較的低価格で、戦後の購買層の求めに応えるモデルであり、まさに来るべきアルファの姿がそこにあった。残念なことに、ガゼッラはプロトタイプが1台作られただけで終わる。

設計チームが廃墟となった工場に戻ると、そこには仕事を求める工具が群れをなしていた。航空機エンジンの製造が講和条約によりできなくなったためであった。工場の工作機械は見る影もなく壊れてしまい、残ったものといえば戦前モデルのパーツの山だけ。第一次大戦後の状況と同じだ。ガソリンも充分に行き渡らず、オクタン価も低い。そこでアルファにとっての戦後の復旧は、エンジンをデチューンした6C 2500をハンドメイドすることから始まった。

しかしエンジニアたちはガゼッラで交わした約束を忘れてはいなかった。2500に代わるモデルを作るときは否応なしにやってくる。いずれ残されたパーツのストックは消費され、新しい工作機械ならこれまで考えられなかった設計も可能だ。来るべきニューモデル、それは過去から伝わる多くの伝統をすっぱりと断ち切ったクルマでなければ意味がない。完全なモノコックボディ、掛け値なしの4人乗り、空力特性の優れたすっきりとした控えめなスタイル。コストと重量を抑えるには、インテリアも質素にせざるを得ないし、リアアクスルも簡潔な設計とコストを理由にリジッドにした。

そうはいっても、どうしても備えるべき資質があった。エンジンが4気筒なのはいいとして、アルファがアルファたるべきレシピであるDOHCと半球形燃

Alfa Romeo 1900
1950–1953

エンジン：	4気筒DOHC
ボア・ストローク	82.55 x 88mm
排気量	1884cc
出力	90bhp
トランスミッション：	4段MT
終減速比	4.1:1
ボディ形式：	4ドア・セダン
性能	
最高速度	150km/h
0-60mph (97km/h)	18.6秒
全長：	4400mm
全幅：	1600mm
ホイールベース：	2630mm

1900 Super
1953–59

下記を除き1900に同じ：
ボア・ストローク	84.5 x 88mm
排気量	1975cc
最高速度	160km/h

1900 TI
1951–53

下記を除き1900に同じ：
出力	100bhp
最高速度	170km/h
0-60mph (97km/h)	17.5秒

1900 TI Super
1953–57

下記を除き1900スーパーに同じ：
出力	115bhp
最高速度	180km/h
0-60mph (97km/h)	17.0秒

生産台数：
1900	7,611
1900スーパー	8,282
1900 TI	572
1900 TIスーパー	478
1900スプリント/スーパースプリント	1,894
1900プリマヴェーラ・クーペ	300

ALFA ROMEO Always With Passion

戦後モデルとして4気筒にこそなったが、アルファ・ロメオの伝統様式であるDOHCを受け継いだエンジン。(Peter Marshall)

焼室は受け継がれた。1884ccの排気量が生む90bhpは、車重1100kgのクルマを150km/hの最高速まで引っ張るのに充分だった。伝統的な美点と進歩的な考えのコンビネーションは、企業としてのアルファに新しい生命を吹きこんだ。アルファ・ロメオ1900の誕生である。

40年にわたり基本となるエンジン設計

1900は1950年に登場したが工作機械がまだ不足しており、大部分がハンドメイドだった。パーツも足りなかった。排気量は82.55mm (3¼インチ)というボアから決まったのだが、その背景にはイタリア国内ではピストンが調達できず、イギリスのヘポライト社のインチ規格製品を使わざるを得ないという事情があった。シリンダーブロックは鋳鉄製でウェットライナーがはめ込まれ、クランクケースは鋳造ブロックの一部として成形される。

1900のエンジンは戦前モデルと比べて燃料をたくさん燃焼させることと、エンジン回転数を高めることでさらなるパワーを発揮するように設計されていた。その結果、排気行程では大量の燃焼済みガスが一気に流出して、排気バルブが非常な高温に晒されることになる。また戦後のイタリアではアウトストラーダを使った長距離ドライブが日常的になると予想された。そこでアルファのエンジニアは、航空機エンジンのノウハウを応用する。バルブステム内にソジウムを封入してクロームコーティングを施し、バルブシートをコバルトやクロムからなるステライト製合金にした。

1900のエンジン設計で巧妙なのは、レーシングカー並みの高度なメカニズムを市販車で実現した点にある。市販車ではコストの制約から使用できる素材も限られるし、細部の設計に凝ることも許されない。充分な信頼性を備えることも条件だ。このエンジンはそうした諸条件をもれなく満たしたうえで、リッター当たりの出力では、20年前の高度にチューンされた、スーパーチャージャー付き1750グラン・スポルトにほぼ匹敵する高効率を発揮した。しかも開発のスタートでこれを達成していたのである。1900用エンジンの基本設計はその後40年を超える長きにわたり、アルファの傑作モデルすべてに継承されることになる。

ボディはプレーンな3ボックスの4ドアで、前後ともベンチシートだった。当時流行していたコラムシフトが採用になり、戦前モデルではおなじみだったウッドのダッシュボードもソフトなカーペットもない。代わりにダッシュボードはボディカラーと同色に塗られた剥き出しのメタルで、床にはラバーマットが敷いてある。戦前型より縦方向に長い、盾の形をしたラジエターグリルだけがアルファの製品であることを語っていた。

戦前のアルファの最終モデルではサ

1. ALFA ROMEO 1900

スペンションは前後ともに独立で、室内から調整可能なダンパーにより最適な乗り心地とハンドリング特性を両立できた。1900にこうした高度な設計はない。フロントサスペンションこそ2500と同じコイルスプリングを継承し、アッパーシングルアーム、ロアーウィッシュボーン、油圧ダンパーという構成だったが、リアはリジッドアクスルだった。これでは大幅な退化と見られても仕方がない。

しかしこのリアサスペンションは考え抜かれたすえの最適な妥協策であり、やはり1970年代まで引き継がれることになる。ここで重要視されたのはコストだった。もっとも安く生産できる後輪独立懸架といえばスウィング・アクスルだが、コーナリングフォースが掛かるとキャンバーが激しく変化して、収拾のつかないハンドリングになってしまうという弱点がある。したがってアルファのエンジニアはリジッドアクスルを選択した。これならトレッドとキャンバーを一定に保つことができる。あくまで正確なハンドリングを求める彼らは、その位置決めに並々ならぬ努力を注いだ。

ファンジオの1900スプリント・クーペのダッシュボード。(Peter Marshall)

コイルスプリングに吊られたアクスルの動きは、デフ頂部のマウントポイントとフロアパン側部のボックスセクションを繋ぐ2本のアームが制御した。このアームの働きでアクスルトランプが軽減し、左右片側のホップアップが抑えられただけでなく、デフのウェイト（リアサスペンション重量の大半を占める）

1951年になるとアルファ・ロメオの大量生産計画も波に乗る。それに牽引されるようにカロッツェリアの体力も回復していき、1900のシャシー上に様々なボディを製作した。これは1951年にトゥーリングがアルゼンチンのレーシング・ドライバー、ファン・マヌエル・ファンジオのために作った1900スプリント・クーペ。同じボディがカタログモデルになった。(Peter Marshall)

ALFA ROMEO Always With Passion

の一部がサスペンションからシャシーに移動した。ハンドリングのためにバネ下重量を軽くしたのである。

立ち上がったばかりのポルテッロのワークショップで作られる1900は1日当たり3台とごくスローペースだった。その後、工作機械が増設され、生産効率も改善されて日産台数は増えたとはいえ、1950年に作られた1900はごく少数に過ぎない。それにもかかわらず、早くもディテールアップの作業は始まっていた。同年5月、トリノのエキシビションセンターでプロトタイプがプレス向けに展示され、正式に一般公開されたのは翌年10月のパリ・サロンである。同年10月下旬のロンドン・ショーにも、フレーザー・ナッシュがスペースを譲ったので展示された。このときの展示車を見た『オートカー』は次のようにエールを送っている。「今春のプロトタイプ登場以来、フェンダーライン、ラジエターグリル、バンパーに微妙な変更が加えられて、アルファ・ロメオ1900の外観は素晴らしくよくなった」

翌1951年、1900の生産は急速に増えて、年間生産量は1220台に達した。同社にとって空前の記録だが、国内の需要を満たすのに精一杯で、イギリス市場にまで回ってこなかった。それでも『オートカー』はイタリアでの試乗に成功して、ステアリングは「極上」、エンジンはスムーズかつ柔軟性に富み、ハンドリングはごく軽いアンダーステアで良好、「ほとんどロールしない」と伝えている。いっぽう、内装とその仕上げは期待はずれで、「シンプル、質素といってもいい」

ショート・ホイールベースの1900C（Cはコルト＝短い、の頭文字）シャシー上にピニンファリーナが製作したカブリオレ。大抵はワイアホイールを履いており、アルファのカタログ・モデルになった。スタビリメンティ・ファリーナも標準の1900シャシーにカブリオレを作っている。(Alfa Romeo archives)

と評した。しかし「アルファ愛好家なら、1900はそのスピリットにおいて紛う方なきアルファだとわかるはずだ」と断言している。

戦前モデルの贅沢さを廃した簡素な外観

　当時の自動車専門誌は、欠点をあげつらうときオブラートに包んだ言い方をするので、書き手の見解を正確に判断するには行間を読む必要がある。テスターは次のように伝えている。「あでやかな戦前モデルがまとっていた贅沢な外観はない。簡素な装備品の仕上げなど、上っ面だけを見るとやけに高価に思えるだろう。クラス随一の静かなクルマというわけでもない。……しかし習慣的に長距離を高速で走るドライバー、あるいはエンジニアリングの本質をわきまえた目利きにはわかるはずだ。同じ価格帯でスピード、スタビリティ、燃費をここまで高いレベルで成立させたクルマはほかにちょっと見つからないことを」

　動力性能が当時の水準から抜きんでていることは、数字が雄弁に語っている。ベーシックな生産型は0－60mph（97km/h）を17.1秒で走り切り、最高速169km/hに達し（テストカーはどこかがノンスタンダードだと思わざるを得ない好成績だ）、ハードに走らせて得た燃費は17mpg（約6km/ℓ）だった。これらのデータが1900のパフォーマンスを端的に示している。

　販売はすぐに増え始め、追加モデルを考えていいレベルになった。1951年に、TI（Turismo Internazionale）が登場する。当時イタリアで人気のあった箱車レースからとったネーミングだ。変更点は大径バルブ、わずかに高い圧縮比、ツインチョーク・キャブレター（標準はシングル）、これだけだ。キャブレターの数や排気量を増やすまでもなく、最大出力は100bhpに、公表最高速は

オラツィオ・サッタ・プリーガ

　戦前のアルファは、メロージとヤーノを皮切りに、エンジニアを次々と雇い入れて設計に当たらせた。1937年9月、圧倒的な強さを誇るドイツ・チームの打倒を目指したレース計画が失敗に終わったのを受けてヤーノが去ると、アルファはレース部門の後任にジョアッキーノ・コロンボ、乗用車部門にそれまで航空機エンジンの設計をしていたブルーノ・トレヴィザン、そしてスペシャル・プロジェクトの責任者としてスペイン人エンジニアのウィルフレード・リカルトをそれぞれ据えた。

　1897年生まれのリカルトは1950年代にスペイン製スーパーカー、ペガソを作ることになる。スペインで自動車とエンジンの設計・製造に従事したほか、1936年までバレンシアで公共輸送システムの仕事に携わった。その1936年にテクニカル・アドバイザーとしてアルファに招かれて、ディーゼルエンジン1基と航空機用エンジンを2基設計したが、数多く手掛けたのはスポーツおよびレーシングプロトタイプで、その頂点がガゼッラであった。

　しかしアルファが会社の命運を賭けた1900のプロジェクトを委ねたのは、ある若いエンジニアだった。彼の名はオラツィオ・サッタ・プリーガ、仲間内からは短くサッタと呼ばれていた工学博士だ。トリノ工科大学で機

オラツィオ・サッタ・プリーガ博士。1900からアルフェッタまで、戦後アルファの傑作を設計した。(Alfa Romeo archives)

械と航空エンジニアリングを学んだサッタは、同大学の航空エンジニアリング部の助教授の任にあった。アルファ・ロメオに入社したのは1938年、27歳のときである。

　1946年、実験・設計部門のマネジャーに昇進したサッタは、1900とその派生モデルに取り組む。アルファに在籍した34年間にジュリエッタとジュリア、GPカーのティーポ158アルフェッタの強化改良版、スポーツレーシングカーの33、1750と2300シリーズ、ベルリーナのアルフェッタなど、アルファ・ロメオの傑作を生む中心的役割を果たした。

ALFA ROMEO Always With Passion

これもトゥーリングによるクーペ。ファンジオのクルマとディテールまでそっくりだが、こちらのシャシーは1954年製の1900Cスーパー・スプリント。
(Peter Marshall)

カロッツェリアが製作した1900Cスーパー・スプリントのダッシュボードとインテリアを捉えたショット。1900の質素なイメージはない。
(Peter Marshall)

I. ALFA ROMEO 1900

1900Cのシャシーにはビスポーク・ボディも載った。写真はギアが1953年に製作したクーペ。(LAT)

171km/hへと向上し、併せて加速も鋭くなった。

販売も生産も伸び続けたので、アルファは一時的ながら戦前のコンセプトに立ち戻る。1900のホイールベースは2.63mだったが、これを2.5mにしたショートバージョンを作り、イタリアの優秀なカロッツェリアにボディをデザインさせた。デザインを見る目と財力のある顧客層に、美しくて快適なモデルを提供しようというのだ。

スプリントと呼ばれたこのモデルには、イタリアのカロッツェリアが様々なボディをデザインした。ピニンファリーナはエレガントなカブリオレを少量生産し、トゥリングは2ドア2座クーペを製作した。どちらもエクスクルーシブなタッチのクルマで、標準モデルより25%ほど高価だった。スプリントの生産台数は949台、これとは別に1900カブリオレが91台作られたとアルファの記録にある。オープン化により失った剛性を取り戻すべく、構造材を増やしたためカブリオレの車重は100kgほど重かったが、最高速に変わりはない。いっぽうクーペはTIと同じ車重だったが、空力特性がよかったので最高速は一枚上手の180km/hを謳った。

1954年までに生産された1900は1万台を少し超え、イギリスにも輸入されるようになった。一連のディテール変更により、最初は質素一点張りだった設えも多少豪華になった。加えてボアを84.5mmに広げて排気量を1975ccに拡大した。デビュー以来、車重が増えていたので、これは適切な対応だった。

これを機に1953年以降、ベルリーナのモデル名は1900スーパーになる。

25

1900M

　1900の販売戦略はスケールメリットを活かして、戦後の市場で通用するレベルにまで価格を落とすことにあった。とはいえ、アルファ・ロメオが特定の顧客層に向けた特別仕様の開発で腕を振るう余地は残っていた。専用装備の警察車両や、陸軍将校専用の4ドアコンバーチブルのプロトタイプなどはその一例だが、もっとも多用途性に富んだ、実務優先の特殊モデルが1900M（Mはマッタの頭文字で"クレージー"の意）、いわばアルファ・ロメオ版ランド・ローバーである。

　第二次世界大戦の初期、ムッソリーニがアフリカ侵攻の野望を抱いていたころ、アルファは6C 2500をベースにしたコロニアーレというジープに似た頑丈なオープントップを製造した。サスペンションは全輪独立、後輪にはLSDを備えた。2台のプロトタイプはテストで上々の結果を上げ、イタリア陸軍省は150台を発注する。最後の1台が納車されたころには、アフリカへの軍事進出は終わり、コロニアーレの生産も幕を下ろした。

　1951年、イタリア陸軍がふたたび顧客になる。軍はオンロードもオフロードも対応する万能の偵察車両を求め、前回以上にジープに似た車両が完成する。鋼板溶接構造によるフロアパンに、箱形断面の強化メンバーが縦横両方向に走り、65bhpにデチューンされた1900のツインカムエンジンを搭載していた。ギアボックスは標準よりワイドレシオの4段、通常はRWDだが、悪路では2段トランスファーボックスにより4WDになった。

　1900用シャシーのホイールベースとトレッドを縮め、リアサスペンションはコイルスプリングに代わって半楕円リーフスプリングになった。最高速は実用重視の105km/h、1952～53年にかけてアルファ・ロメオAR51の名前で、受注通り2000台が軍に納車された。これとは別に同型車が12台製造され、1954年には民生用のAR52が154台製造される。農業機械の牽引フックや除雪機を備えた車もあれば、消防車として使われたものもあった。とどめはハードトップを被せ、左右にサイドパネルを張ってワゴンボディに変身した1台。小売店や、農夫用のコンパクトなデリバリーバンにしようというアイデアだった。

イタリア陸軍用に製造されたパートタイム4WDのAR51、別名マッタはデチューンした1900用エンジンを搭載していた。軍用車両にDOHCとはなんとも贅沢な使い方である。リアスプリングはさすがに1900のコイルからリーフに変えられた。(Peter Marshall)

1. ALFA ROMEO 1900

1900 スーパー・プリマヴェーラ。ボアーノのデザインによるピラーレス・クーペで、これもアルファのカタログに載った。通常のスーパー同様、2トーンに塗装される。(Peter Marshall)

最大出力は変わらなかったが最高速は150km/hから159km/hに伸びた。また価格が16％下がり、大量生産によるスケールメリットを顧客も受けることになった。

いっぽうTIには広範囲な改変が施されてTIスーパーに発展する。圧縮比が8.0に高まり、ツインチョーク・キャブレターが2基備わった。また排気マニフォールドが4ブランチタイプに変わり、ガスフローがスムーズになった。これらの改良が相まってピークパワーは一気に115bhp／5500rpmに向上、トップスピードも180km/hに伸びた。しかもTIスーパーもやはり従来のTIより16％安かった。

パフォーマンスが向上してプライスが下がっただけでなく、1900には流行の細かな装飾パーツが増えていった。ウィンドー回りとウェストラインにクロームのラインが追加になり、2トーン塗装まで現れた。スプリントは1954年に1975ccエンジンを載せたスーパー・スプリントに発展、アルファのよきパートナーであるトゥリングとピニンファリーナだけでなく、広くカロッツェリア界から注目を集め、ボアーノ、ボネスキ、ギア、ザガートが様々なボディをデザインした。

1900以降のフロントギアボックス・アルファに馴染んだ人にとって、1900はきわめて異質な野獣に思えることだろう。ジュリエッタやジュリアのレスポンス

トゥリングはクーペだけでなく、1956～58年にかけて1900スーパー・スプリントにハードトップ・クーペボディも架装した。(Alfa Romeo archives)

ALFA ROMEO Always With Passion

空飛ぶ円盤とバットモービル

　1900はおとなしい外観のベルリーナだったが、アルファ・ロメオの歴史を通じて屈指のエキゾチックなモデルのベースになった。その第一弾はアルファ自身のプロジェクトで、1900のエンジンとメカニカルコンポーネントを利用したスポーツレーシングカー、アルファ・ロメオC52ディスコ・ヴォランテ（空飛ぶ円盤）である。ボアを85mmに拡大して1997.4ccという2リッタークラスに理想的な排気量にしたうえで、ツインチョーク・キャブレターを2基装着、圧縮比を高め、ワイルドなカムプロファイルを組み込んだ結果、最大出力は158bhp／6500rpmに向上した。併せて前後サスペンションのレートも強化されている。

　しかしディスコ・ヴォランテ最大の特徴は鋼管スペースフレーム上に構築されたボディにある。アンダートレイはこのモデル専用で、その形状は車体下の気流の乱れと抵抗を最小限に抑えるべく、風洞実験の結果生まれた。ボディスタイルには3種あり、2シーターのスパイダーとクーペは横断面が卵形の、異例極まりない形状をしていた。横風の影響を抑えるためと思われるが、スタイリング上の奇抜さを狙った可能性の方が強い。3番目はコンベンショナルなスタイルのクーペで、ヒルクライムに使われた。

　ディスコ・ヴォランテは1953年春のニューヨーク・インターナショナル・モータースポーツ・ショーで一般公開されたが、折り紙付きと謳われた最高速216km/hは達成できなかった。効率のよい空力特性があだとなってリアエンドに揚力が発生、これがハンドリングに劇的な影響を及ぼしたのだ。レーシングカーとしてのディスコ・ヴォランテは失敗に終わったが、アルファが生み出したもっとも異例かつ未来的なデザインとして今も生き続けている。

　1900をテーマにした二番目のバリエーションは社外プロジェクトで、カロッツェリア・ベルトーネが製作した。こちらはデザインの習作で、Berlina

ディスコ・ヴォランテのクーペ版。車名の由来がよくわかる。(Alfa Romeo archives)

こちらはスパイダー版。グリルを水平に貫通しているのは、ボディ外周を取り囲むスペースフレームの一部。

1. ALFA ROMEO 1900

Aerodinamica Tecnica、略してBATと呼ばれた。ディスコ・ヴォランテで経験した気流の問題を克服するべく、ボディ上の気流を望ましい方向に向けることで高速時にタイアを路面に押しつける圧力を生み、路面追従性を高めようとした。

フィンとチャンネルを組み合わせた奇怪極まるデザインは1953年夏に完成。BATには5モデルあったとする説と、7モデルとする説がある。いずれにしてもベルトーネの目的は、1900スーパー・スプリントをベースにして、デザインによるハンドリング特性の違いを客観的に判断することにあった。BATは視界が悪く、一般の好みからもかけ離れていたため、生産車のスタイリングに大きな影響を及ぼすことはなかったが、特にテールフィンから得たノウハウは後のレーシングプロトタイプに活かされた。

1900のメカニカルコンポーネントを使ってベルトーネが制作したBATシリーズ。空力特性を最優先したデザインは奇怪だ。

29

1900とコンペティション

1951年、アルファ・ロメオは自身にとって4度目のワールドタイトルを獲得すると、グランプリ・レーシングから撤退した。しかしモータースポーツ愛好家のあいだでブランドイメージが風化しないように、1900を起用して小さい規模ながらレースに参加することを決める。その1951年、1台の生産型1900が"レイド"と呼ばれるマラソン・ラリーに出場した。ミラノをスタートした出場車はイタリアの長靴のつま先まで走り、海路で北アフリカのトリポリに渡る。エチオピアの砂漠と山脈を走破してソマリアに入り、首都の港町モガディシオにいたるルートだ。ストックの1900は過酷な気候と悪路によく耐え、関係者一同の意気はがぜん上がった。

アルファは次なるステップとして1952年のミッレミリアにエントリー、トゥリング製のクーペボディを載せた1900スプリントを駆ったワークスドライバーのコンサルヴォ・サネージは、クラス3位に入賞した。余談だが、このイベントにはオフローダーの1900Mがクラス優勝を果たしている。といっても軍用車専用のクラスだったので、ミッレミリアの名前とは裏腹に、壮大な競り合いが展開したとは考えにくい。まもなく1900は上位入賞にターゲットを絞ったプロトタイプ勢の速さについていけなくなるが、ヨーロッパ中のプライベートエントラントによりラリーやツーリングカーレースで善戦を続けた。例えばサネージとコリーニは1954年のカレラ・メキシカーナに1900TIで出場。またコリーニ／アルテゾーニ組は、ミッレミリアとシチリア・ラリーにて1900TIをクラスウィンに導いた。

1954年のトゥール・ド・フランスでツーリングクラスの1位を射止めた1900TI。(Alfa Romeo archives)

に感じるデリカシーなどまるでなく、ほとんどヴィンティッジカー並みの乗り味だ。例えばジュリエッタの小さな1290ccエンジンの魅力が爽快な吹け上がりとするなら、1900の"ビッグ4"はボトムエンドから骨太なトルクをタービンエンジンのように湧き上げるという具合。どちらかといえばヘビー級なので、ハンドリングに軽い身のこなしはないが、ステアリングは嬉しくなるほど正確で、ブレーキもよく効く。例のコラムシフトだが、この手のものとしてはベストのひとつと言える。

質素なベルリーナのインテリアにしても、細かく見るといかにもこの時代のイタリア車らしく、華やかにして技巧的なディテーリングが凝らされている。この辺りのデザインの妙は、同時代のイギリス製ミドル級サルーンなど足もとにも及ばない。

アルファを量産メーカーへ成長させた総生産数

1900は1959年まで生産され、全バリエーションを含めた総生産台数は2万1304台に達する。早くも1954年末の累計台数は、これ以前のモデルの総合計を上回っていた。しかしアルファはもともとも年産1万2000台を目論んでいたので、結果は目標にはるかに及ばず、実際、1900はイタリア以外では大変な希少車となっている。それでも過去のモデルとは桁外れの生産量で、1900はアルファを中堅メーカーに押し上げる立役者となった。

そしてこのあとに生まれるモデルはさらに量産され、アルファは世界中の路上で見られる身近な一流ブランドに成長していくのである。

バイヤーズ・ガイド

1 国内に生存する1900はごく少数。手に入れたければ、『Auto d'Epoca』や『Ruoteclassiche』などの雑誌を手がかりにイタリアで探す方がいい。ただしまず訪れるべきは、1900のクラブの"Alfa Romeo 1900 Register"だ。

2 1900のエンジンパーツはこれ以降のモデルと比べると探すのが難しいし、安くもない。鋳鉄ブロックの寿命が長いのは救い。タイミングチェーンから音が出るのは普通のことで、これはアルファ・エンジンに共通する弊害。スーパー・スプリントのソレックス製ツインチョーク・キャブレターは時に気むずかしく、パーツによっては手に入りにくい。

3 ギアボックスは基本的にフロントにギアボックスを置くアルファと同じ（ただしごく初期型のジュリエッタと、そのスプリント／スパイダー版はその限りではない）。2速のシンクロが弱いのはアルファが昔からかかえている持病。コラムシフトはブッシュがへたっていたり、ケーブルが伸びたりしているとうまく働かない。正確なシフトに修復するには専門家に任せるしかない。なお一部のスーパー・スプリントは5段フロアシフトを装備する。

4 ブレーキのマスタシリンダーは他のアルファと共用なので見つけやすい。ドラムブレーキ内のホイールシリンダーはそれほど簡単ではないが、アルファのスペシャリストなら大抵どこで見つかるか知っている。

5 キングピンが摩耗していないか入念にチェックすること。1900と派生型の2000／2600はキングピンにスイベルを使っている（これ以降のモデルはボールジョイント）。キングピンの交換パーツはほぼ払底しており、純正セットを購入するか、ピンとブッシュをスクラッチビルドするしかなく、多額の出費となる。

6 サスペンション・ブッシュは手に入る。一部のサイズはジュリエッタおよびジュリアと共用。

7 スチール製モノコックボディは頑丈そのものだが、フロアにたまった水で腐食している場合がある。ドアボトムとホイールアーチが腐食しやすいのはどのクルマもおなじこと。

8 スプリント・クーペではアルミパネルを使用している。フレームはスチール製なので、ここと接触している部分は電食を起こしている可能性あり。ドア開口部、シル、ホイールアーチは重要チェックポイントだ。

ALFA ROMEO Always With Passion

Alfa Romeo
Giulietta
アルファ・ロメオ ジュリエッタ

ジュリエッタは1900と比べるとずいぶん地上高が高く見える。オリジナルの小さなサイドマーカーランプの位置に注意。(Alfa Romeo archives)

　1900は確かに優れたクルマだったが、アルファ・ロメオがふたつの点で飛躍を遂げるうえで立役者になったのはその後継モデルの方だった。1954年の終わりに登場したジュリエッタにより、アルファは1900の実用車然とした恰好から、本来のエレガントなスタイルに戻ると同時に、初めて本格的な大量生産をスタートする。1900にも様々な量産計画があったのだが、目標に据えた生産台数にはついに達することなく終わる。いっぽう、ジュリエッタはフ

2. ALFA ROMEO GIULIETTA

ジュリエッタは1900に通じるアルファ一族共通の特徴を備えているが、1950年代中盤の流行に乗って軽く、モダーンなラインで構成されている。(Alfa Romeo archives)

ル生産が始まって3年目には、1900の総生産台数を上回っていた。言うまでもなく、ジュリエッタはシェイクスピアの悲劇に登場するロミオの相手役ジュリエットにあやかった名前。そこには未来に向けた同社の強い意志が込められていた。最初に登場したのはベルリーナではなく、スタイリッシュなジュリエッタ・スプリント・クーペだった(第4章参照)。

クーペに遅れて1955年4月にデビューしたジュリエッタのベルリーナは、アルファの未来を形にしたクルマだ。一族に共通する特徴を1900と共有しているものの、見るからにスマートでスピード感に溢れ、はるかにモダーンである。後に証明されるように、時の試練によく耐える形でもあった。トレッド、ホイールベースともに1900より短く、車重は915kgと1900より優に200kgは軽い。エンジンが1900用DOHCの縮小版で、パワーが格段に小さかったので、軽量なのは好都合だった。

意外にも動力性能の落ち込みは小さい。エンジンの基本構造は2ℓと同じだが、ジュリエッタではウェットライナー入りの軽合金鋳造ブロックになった。74 x 75mmとほぼスクエアのボア・ストロークから1290ccの排気量を得た。7.5の圧縮比とダウンドラフト・キャブレター1基によるパワーは53bhp／5500rpm。リッターあたりの出力は1900より劣るが、ジュリエッタを140km/hまで引っ張った。アルファならではのハンドリングと相まって、スポーツマインドなドライバーにアピールするには充分なスピードだ。

ジュリエッタは1900からフロントの独立式サスペンションと、しっかりと位置決めされたリアのリジッドアクスルを引き継いだ。鋭いコーナーの入り口では大きくロールするが、旋回中はよく路面を捉え、コーナリングパワーは高い。なお初期ロールを抑えるため、フロントにはスタビライザーを備えている。

室内に目を向けると、ゴム製フロアマットに象徴されるように仕上げは質素だった。ベンチシートとコラムシフトの組み合わせゆえ、海外のジャーナリストから、このベルリーナはイタリア国内市場しか念頭にないと決めつけられ、その価格にも不満の声が集中した。もっともそうしたメディアの連中も小型で高効率のエンジンは、排気量で税率が決まる国では税金が安く、燃費に有利なことは認めざるを得なかった。またフロントのレッグルームとラゲッジスペースが広いことも評価された。

Giulietta Berlina 1955-1963

エンジン：	4気筒 DOHC
ボア・ストローク	74 x 75mm
排気量	1290cc
出力	53bhp
トランスミッション：	4段 MT
終減速比	4.56:1
性能：	
最高速度	140km/h
0-60mph	19.6 秒
全長：	3990mm
全幅：	1550mm
全高：	1400mm

Giulietta TI 1957-1964

下記を除きジュリエッタ・ベルリーナを参照：

出力	65-74bhp
最高速度 (65bhp)	155km/h
0-60mph (97km/h)	17.7 秒

生産台数：
ジュリエッタ・ベルリーナ	39,057
ジュリエッタ TI	92,728

インテリアのデザインと装備品は質素だ。(Peter Marshall collection)

自動車誌に絶賛された
ジュリエッタの美点

しかしジュリエッタ・ベルリーナ最大の美点とだれもが声を揃えたのは、路上での挙動である。「正確なステアリング」、「秀逸なブレーキ」、「同クラスのライバルとは比べものにならないロードホールディング」。こうした賛辞がテストレポートに気前よく散りばめられた。そしてジュリエッタをテストしたジャーナリストはほぼ全員、このクルマの開発は始まったばかりで、エンジンには大幅なチューンの余地があるという点で意見が一致した。ハイパフォーマンス版を望む声が上がるのは、ジュリエッタの登場後まもなくのことだ。

1955年夏、時間を超越した美しいボディをまとったジュリエッタ・スパイダーがデビュー（第4章参照）。スプリントとスパイダーというきわめて望ましいスポーティモデルと市場を分け合うこと

右ページ：1961〜64年にかけて製造されたジュリエッタ TI の最終モデル。控えめなフィンの立ったリアフェンダーは 1957 年の初代 TI から採用されていた。(LAT)

になり、ベルリーナの影が薄くなる。ジュリエッタにもかつての 1900TI に相当するモデルが必要なのは明らかで、1957 年、その名もジュリエッタ TI が登場した。

レシピは単純で、標準ベルリーナのボディとランニングギアはそのまま流用した。エンジンのボア・ストロークもそのままに、圧縮比を 8.0 に高め、スパイダーと同じツインチョークキャブレターにより、標準型よりやや活発な 63 bhp／6000rpm を生んだ。これで静止状態から 100km/h までの加速時間は 3 秒も速い 11.5 秒に、最高速は掛

カタログでは室内の広さを強調した。前後ともベンチシートで、コラムシフトだ。(Peter Marshall collection)

2. ALFA ROMEO GIULIETTA

け値なしの154km/hに向上した。なお公道でのテスト中、カタログ値を上回る最高速を実測したジャーナリストもいた。

室内は依然として質素で、マットはラバー製、ベンチシートはファブリック張り、4段ギアボックスがコラムシフトなのも変わりない。スピードメーターは丸形ではなく、浅いアーチ形をしていた。ただしTIはタコメーター、油圧計、油温計、水温計を完備した。ハンドスロットルが備わるのはアルファの特徴だ。変わったところではヘッドライトのパッシングボタンがステアリング中央に位置する。

動力性能が向上したTIの打てば響く応答性を、メディアは揃って賞賛した。軽くて正確なステアリング。バランスのいいシャシー。執拗に路面を捉えて放さないサスペンション。スロットルに即応し、スムーズで柔軟性に富むエンジン。そのエンジンがもたらす伸びやかな加速力。どれもTIの商品性を高める資質だ。しかし弱点もあった。高速でやかましく、後席の乗り心地が荒いこと。このふたつは軽量ボディ/シャシーにさらなる動力性能を注入した結果だ。それにコラムシフトにつきものの複雑なリンケージに遊びがあるため、フロアシフトと比べると変速がスローで、操作も楽ではなかった。

最終的にTIはジュリエッタのラインナップで一番の人気モデルになる。ジュリエッタの生産総台数は17万7690台、うち標準のベルリーナが3万9057台（22％）、しかしTIはこれをはるかに上回る9万2728台が作られた。これは全体の50％を超える数字で、つまりほかのモデルをすべて合計した数よりTI単独の生産数の方が多かったわけだ。ちなみにイギリス市場の重要度は数字を見ればわかる。RHDのジュリエッタTIは780台が作られたに過ぎず、総生産の1％にも達しない。

1959年、全モデルにわたりエンジンの細部が改良され、1900用から派生した頑丈なギアボックスが採用になった。改良の意図はエンジンの信頼性向上だったので、公表出力は変わらない。今回の改良は非常に重要で、改良後の

この1959年製ジュリエッタ・ジャルディネッタはカロッツェリア・コッリがシリーズ生産した。(Alfa Romeo archives)

モデルは"シリーズ2"と呼ぶに値すると考えたアルファは、これを機にジュリエッタのナンバーリングも変えた。改良前のモデルナンバーは750で始まっていたが（TIは753）、改良後のジュリエッタは101で始まる。

同じ1959年、TIは細部の変更を受ける。燃料ポンプがエンジンルームの前方上からディストリビューターの下に、燃料注入口が右リアフェンダーに移った。ヘッドライトの位置が奥まり、ボンネットの強度を増すためにモールドストリップが入り、ノーズ左右のグリルに磨き出しのクロームストリップが、バンパーのオーバーライダーにラバーガードが追加になった。方向指示器、テールライト、ナンバープレート照明灯のデザインが変わり、"Giulietta TI"のロゴがトランクリッドについた。ダッシュボードも一新され、横長ストリップタイプのスピードメーターにタコメーター、油温、水温計が組み合わされる。パッド入りサンバイザーと、フロントドアの開閉により点灯する室内灯が追加になった。

1961年、TIに一回りパワフルなエンジンが載る。圧縮比を8.5に高め、排気系を見直した結果、パワーは74bhp／6200rpmに向上、最高速は同じだが、加速が鋭くなった。同時にジュリエッタのボディでも、フロント中央の盾形グリルを挟むサイドグリルにメッシュが入り、方向指示器が組み込まれた。またトランクが大きくなり、フロントシートはフルリクライニングのセパレートに変わり、そのシートバックに幅広のネットポケットが、リアのドアパネルに灰皿が追加になった。ドライバーの観点から重要なのは、TIがようやくフロアシフトになったことで、長いレバーの割に正確なギアチェンジができた。

ところでジュリエッタはホイールベースが短くて外寸がコンパクトなため、乗員は真っ直ぐ起き上がった姿勢で座る。いっぽうリアのリジッドアクスルは、三角形のメンバーによりデフハウジングの頂部に位置決めされる。この構造と腰高なスタンスによる高いロールセンターが相乗効果となり、バンピーな路面では横方向のホッピングを誘発した。これについては後であらためて触れる。なお初期型ジュリエッタ同様、TIもディスクではなく、フィンを切った大径ドラムブレーキに制動力を託していたが、酷使によく耐え、ちょっとやそっとではフェードしなかった。

ごく普通のイタリア製セダンに見えるが、実体はスポーツカーそのもの

当時のロードテストは一様にジュリエッタのスポーティな魅力を評価している。『モーター』の1961年8月号は、イギリス市場で1645ポンドとかなり高価だったイギリス向けRHDをテスト、大方の意見を代表して次のように述べた。「イタリア的キャラクターが色濃いクルマ。驚くほど速く、ほどほどに静か

なぜスプリントが先だったのか？

ニューモデルはまずセダンが出て、次がスポーツモデルというのが慣例だ。ジュリエッタでこの順番が逆転したのは、戦後アルファの財政がずっと危機的状態にあったからなのだ。

蓄えは底をつき、アルファはニューモデルの開発を続ける資金を調達するには"抽選キャンペーン"を敷くしかなかった。ニューモデルの1台を獲得するチャンスと引き替えに、参加者は多額のキャッシュをアルファに前払いするのだ。思惑はずばり当たったが、開発の遅れを避けることはできず、発表はずるずると遅れていった。やむをえず賞品として渡す完成車の数が揃わないうちに当選者を発表したものだから、アルファはパイを叩きつけられんばかりの反発を買う。

窮地を救うグッドアイデアのはずが一転あだとなり、広報部は追いつめられる。だがシャシー、主要コンポーネント、エンジンが揃っていたことがアルファに味方した。当座しのぎとしてベルトーネにスタイリッシュな流線型の2+2クーペをデザインするように依頼。このボディを使って当選者に引き渡す台数を完成させ、1954年後半、待ちこがれた人々の前で発表されたのがアルファ・ロメオ・ジュリエッタ・スプリントである。文字通り、窮余の策として生まれたスプリントは、その後シリーズ生産されて大ヒットとなる。

で、燃費は穏当。乗り心地にやや難があるが、群を抜いてコントロールしやすく、頑丈な作りは肌で感じられる」またコントロールスイッチのレイアウトに触れて次のように評した。「レイアウトが奇妙で、扱いに慣れを要する。一般的な配置をもってよしとする人にとって第一印象は芳しくない。ただしジュリエッタの走りにひとたび親しんでしまうと、通り一遍のクルマには戻る気になれないだろう」

つまるところジュリエッタの"レシピ"とは、第一に同時代のクルマとは一線を画した、エレガントなラインが織りなすイタリア製ベルリーナならではのスタイル（1950年代は自動車のスタイリングにとって黄金時代ではなかっただけに、ジュリエッタが際立つ）。第二にはるかに高価なスポーツカーに通じる走行感覚とレスポンス。第三にこのふたつの美点を、少なくともイタリア国内では比較的競争力のある価格で提供したことにある。ジュリエッタにはレースの血統が微妙だが効果的に表れている。

動力性能が売り物のジュリエッタTIだが、インテリアは外観同様地味だった。ベンチシートとコラムシフトの組み合わせが、セパレートシートとフロアシフトになった後も、横長ストリップ式のスピードメーターはそのままだった。(LAT)

サラブレッドにふさわしい妥協のないエンジンの設計とレイアウト、入念にセットアップされたサスペンションはその代表で、ジュリエッタは戦後新たに生まれた中間層のスポーツカー愛好家を惹きつけた。その後、優れたエンジンとサスペンションの組み合わせはアルファの一貫したテーマとなり、ニューモデルが出るたびにファンは列をなした。戦後アルファのトレンドセッターが、ジュリエッタとTIであることは間違いない。

1960年代始めにはメカニズムが熟成し、ノイズと振動も初期型と比べると和らいだ。コラムからフロアシフトになって、ようやくドライバーはギアボックスを正確に操れるようになり、たった4段ではあったが(当時はこれが普通だった)、もともと回転の伸びがいいエンジンをフルに回せるようになった。4段すべてにシンクロが備わり、5000rpmまで回した場合、中間ギアの最高速はそれぞれ37km/h、64km/h、92km/hとなる。

戦後のアルファ共通の特徴として、ギアレバーはミスシフトを防ぐため3、4速側にスプリング負荷がかかっている。ペダルは位置もストロークもヒール&トゥに最適だ。

『モーター』は次のように書いている。「A地点からB地点に短時間で到達する能力はちょっと比べるものがない。しかしこれすなわち急加速と急減速の繰り返しになるわけで、せわしい走りは肌に合わないというドライバーもいるだろう」これは当時としてはかなり辛辣なコメントで、次にこう続けてトーンを和らげている。「そのいっぽうで、この活発なサルーンのスピードと高いコントロール性を活かして、モータリングの楽しみを再発見するドライバーもいるだろう」

ジュリエッタとコンペティション

ジュリエッタTIが発表になると、それまでジュリエッタ・スプリントでプロダクションカー・レースを戦っていたヨーロッパ中のプライベート・エントラントは、TIのレースバージョンに乗り換えた。例えばタフなことで知られるアルペン・ラリーの1958年大会では、出走58台のうち完走できたのは25台に過ぎなかった。このラリー、総合優勝はフランスからエントリーしたスプリントだったが、2、3位にはフランスとドイツチームのジュリエッタTIが入った。

TIは比較的高い車高がアドバンテージになり、ラリーで強みを発揮した。1958年後半、オーマ／ワグネル組はトゥール・ド・コルスでレディズ・プライズに輝く。翌年、リヨン～シャルボニエール・ラリーのスタンダード／モディファイド・ツーリングカー・クラスにエントリーしたTIはここで優勝。さらに翌年にはグレデール／ド・ラジャネスト組がジュネーヴ・ラリーでTIを駆り勝利を収めた。

1959年のリヨン～シャルボニエール・ラリーで力走するジュリエッタTI。
(Alfa Romeo archives)

『モーター』に先立つこと数週間、まったく同じスペックのクルマをテストした『オートカー』はフロントシートの座面が短く、パッドの位置が悪いので座り心地が悪いと指摘した。リアシートはずっとましだが、前席を後ろにずらすとレッグルームが限られる。これ以外は、同誌の見解はほかの専門誌と同じで、風切り音が低く、事実上フェードしないブレーキを評価している。いっぽうボディが著しくロールするのはレイトブレーキを敢行し、ハイスピードでコーナーに進入した場合のみであって、スムーズなターンインを心がければ、はるかにフラットな姿勢を保つとしている。

路面の突起にヒットした際の"横っ飛び"現象にも触れておこう。これはアルファの技術陣がどれほど入念に位置決めしようと、リジッドリアアクスルでは避けられない固有の性癖だと思われる。『オートカー』はこう語る。「後輪の片方がなにかに乗り上げるたびにクルマの進路がやや乱れ、軽く蛇行する」いっぽうフルロード時に、タイア空気圧をメーカーが指定する高めにセットすると「乗り心地は一挙にスムーズになる。リアの乗員の方がフロントより快適。ひどく深いくぼみがある路面でも、ステアリングのコントロールを大きく失うことなく高速で突破できるし、こうした厳しい条件ではボディ剛性の高さが際立つ」と書いている。

『オートカー』の結びの文章は、まるでアルファの広報部が書いたかのようだ。「イギリスのメーカーはジュリエッタと肩を並べられるモデルを1台たりとも作っていない。世界市場に視野を広げても、動力性能、ハンドリングがもたらす安全性、維持費の点で匹敵するライ

大きくロールするが、タイアは執拗に路面を放さないコーナリングはアルファならではの特徴で、特にジュリエッタTIでは顕著に表れた。サイドグリルがメッシュ状なのでこのクルマが1961〜64年に製造された第3シリーズであるとわかる。(LAT)

バルはまずない」ジュリエッタの設計コンセプトに深く共感した一文だ。

　標準のジュリエッタは1963年に、TIはその翌年生産を終える。9年の生産期間中、このおとなしい外観のベルリーナは充分な数の顧客を捉え、スポーティで高い人気を誇るスプリントとスパイダーが商業的に成功する基盤を固めた。さらにはジュリエッタ以上に成功を収めることになる、一回り大きくてパワフルな後継車ジュリアの基礎をも築くのである。

　ジュリエッタはその後すべてのフロントギアボックス・アルファの基準になった。だから「アルファのドライブトレインはどれも同じ」という意見にも一理あって、一概に軽々しい判断と片づけるわけにはいかない。むしろこの意見は賛辞と捉えるべきなのだろう。控えめなジュリエッタの外観の下には、乗る者を惹きつけるよき素性が隠れている。

　1290ccのツインカムでは、940kgの4ドアボディには非力に過ぎると感じるかもしれない。しかし実はこのエンジンは軽々と高回転に達する気持ちのいいエンジンで、最終型のTIを150km/hを超える最高速まで引っ張り、中速域ではドライバーを感心させるパンチを発揮した。コラムチェンジも苦労の種ではない。いっぽう、ダイレクトコントロールのフロアシフトはシフトレバーががっしりとしており、ダイレクトな操作感は非の打ち所がなく、ギアからギアへと移動する軽さが心地よい。

　念のために言い添えると、アルファ初心者は最初ジュリエッタに失望するかもしれない。クラッチの繋がりは唐突、ステアリングは低速で重く、ブレーキペダルの踏力もかなり重いからだ。とにかく今のギアから1段落としてみたまえ。ジュリエッタから最大の能力を引き出すには、ギアボックスを駆使するのがコツだ。するとこの小さなベルリーナは俄然生気を帯びる。ステアリングは軽くなり、パーフェクトな反力と正確な操舵を満喫できる。クラッチは軽くスパッと繋がり、踏んだ分だけきっちりと効くブレーキは心強い。

　念入りに設計されたサスペンションのおかげでタイアは路面をよく捉え、ハンドリングは安全で予測しやすい。コーナーに進入する手前でパワーをかけると初期アンダーが強まるが、その度合いはあくまで自然だ。ただし旋回に入ったとたん考えもなくスロットルを開けるとオーバーステアを誘発する。リアシートにパッセンジャーを乗せ、トランクに荷物を入れてリアの荷重を増やすと、この設計が本来的に備えている安定性が一際光る。

　コーナー進入時のロールが大きいので、最初、ハンドリングには期待できないと思える。しかしイニシャルロールはそれ以上増えることはなく、ひとたびコーナーに向かう姿勢が決まると素早く旋回、足取りの確かなことにドライバーは感嘆する。ステアリングホイールは繊細にしてライブ感溢れるフィールを伝え、サスペンションは腰の強さこそ感じるが、決して荒くはない。だから盤石の自信をもって振り回せる。こんなとき見晴らしのいいドライビングポジションはドライバーの味方だ。

　走り慣れた田園地帯のルート。気がついてみるといつもよりアベレージが速いし、時間もかかっていない。疲労も軽いようだ。高い動力性能と良好なレスポンス。ジュリエッタはスポーティなベルリーナに求められる美点を余すことなく備え、それらを絶妙にバランスさせている。ジュリエッタは速く走れとドライバーに要求する。そしてドライバーの工夫と努力にたっぷり報いてくれるクルマなのである。

バイヤーズ・ガイド

1 錆の出やすいポイントはベルリーナにも当てはまる。サイドシル、ホイールアーチ、フェンダーボトム、フロア（末期的状態の場合あり）、ヘッドライト裏側など。部分的なパッチワークか、セクションをスクラッチビルドするしかない。パネルはほぼ入手不可能、交換用セクションはまったく手に入らない。

2 フロントとセンターシャシーから出ているアウトリガーも錆びることがある。スクラッチビルドしかなく、工賃は高くつく。ベルリーナだけでなく、スパイダーとスプリントにも当てはまる。

3 ジュリエッタとジュリアの全モデルに共通するが、フロントホイールアーチの裏側に、バルクヘッドからスプリングのアッパーマウントポイントまで伸びる曲面の支持メンバーが走っている。泥などがここに付着して錆の原因になる。腐食がフェンダー内側まで進むと、エンジンベイから視認できる場合がある。

4 錆はステアリングギアボックスのマウントポイント周辺とステアリングアイドラーにも出る。これもベルリーナ、スパイダー、スプリントに共通する。

5 光り物はほぼ入手不可能。欠品があるか、ひどく状態の悪い個体に注意。

6 エンジンは頑丈で長寿命だ。ただしオーバーレブさせると排気バルブが焼き付く可能性あり。101シリーズでは、105シリーズ・ジュリア用のソジウムを密封したバルブに交換することで未然に防げる。タイミングチェーンから騒音が出やすいが、交換はさほど難しくはない。充分な暖機運転を怠るとヘッドガスケットが抜けやすい。ブロックとヘッドの接触部のオイル浸み、冷却水へのオイルの混入をチェック。放ったまま劣化させるとヘッドが変形する場合あり。ガスケットとヘッドのトラブルは腐食によっても起きる。品質の悪い不凍液を使うと、スチール製シリンダーライナーが陥没する。ウォーターポンプの耐久性は平均レベル。ベアリングが音を立てている場合は、差し迫ったトラブルありのシグナルだ。

7 1570ccエンジンに換装している個体が多くあり、その場合おそらく5段フロアシフトにしてある。ノンオリジナルを理由になんとしてでも値下げ交渉をしよう。そうして手に入れたクルマはオリジナルより普段使いに適している。

8 戦後型のアルファ・ツインカムにはゴールデン・ロッジのプラグが"マスト"だ。これ以外のプラグはピストンに穴が空く可能性ありだ。

9 1959年まで生産された750シリーズのギアボックスは耐久性が低く、シンクロも弱い。その後の101シリーズ（とその後すべてのフロント・ギアボックス・アルファ）では1900用をベースに、ポルシェ・タイプのシンクロを取り入れた改良版が採用される。このギアボックスは頑丈だが、2速のシンクロがスローな場合は前所有者が、オイルが暖まらないうちに無慈悲な使い方をしたためだ。もうひとつ考えられるトラブルは、トルクをかけた際のリバースのギア抜け。セレクターフォークが曲がったため。101シリーズ用ギアボックスに換装された750シリーズは、機能優先の改良とポジティブに考えよう。

10 ジュリエッタ以降のアルファのスタブアクスルは、すべてボールジョイント。摩耗チェックには強力なベンチプレスを要するが、パーツは簡単に手に入る。ラバーベローズには亀裂が入りやすい。

11 リアアクスルは途方もなく強靱だが、長期間放置してオイルシールが乾き、硬化するとオイル漏れを起こす。リアサスペンションのブッシュが摩耗すると、締まりのないハンドリングになる。

12 戦後型のフロント・ギアボックス・アルファは、すべてスプリット・プロップシャフトを採用。センターベアリングのラバーサポートは壊れやすく、ギアボックス側のラバードーナッツ・カプリングには亀裂が入りやすい。視認チェックで不具合は確かめられる。

13 RHDのジュリエッタと派生モデルのブレーキペダル・アッセンブリーは、ペダルボックスから半分はみ出ており、保護シールドが脱落すると路面の泥をもろにかぶることになる。このためペダルがシャフトに張り付いて戻らなくなる場合がある。当時のディーラーではクラッチとブレーキペダルのあいだにグリスニップルを装着していた。

14 ステアリングアイドラーは摩耗しやすく、ブッシュの交換を要する。ステアリング側のホイールを揺すって、アイドラーから下がるカーブを描いたステアリングアームが動くかチェック。ステアリングギアボックスは長寿命だが、大きなオイル漏れがないか全体を確認すべきだ。ステアリングがスムーズに動かない場合は、水が内部に入り込んで腐食を起こしてしている可能性あり。

ALFA ROMEO Always With Passion

Alfa Romeo
Giulia
アルファ・ロメオ ジュリア

　1960年代の序盤に入ると、大型エンジンの大パワーにものを言わせた高性能なライバルが登場し、さすがのジュリエッタも追い越されつつあることが明らかになる。ジュリエッタは1900直系の子孫だったので、基本的メカニズムに大きく手を入れることなく、エンジン、シャシー、サスペンションのグレードを引き上げるだけで好ましいクルマに生まれ変わることも、これまた明らかだった。

　このコンセプトのもとに生まれたニューモデル、ジュリアは1962年6月27日、モンザ・サーキットにて報道陣に向けて発表された。窮地を脱するための抽選

断固たる3ボックススタイルとはこのことか。最初期型のジュリアTI。(Alfa Romeo archives)

3. ALFA ROMEO GIULIA

1962年にジュリアが登場して、アルファは3つのモデルと7種のボディスタイルを提供した。写真後列左から右へ、2600スプリント、ジュリエッタのベルリーナ、2600のベルリーナ、101シリーズのスプリント。前列左から右へ、新登場のジュリア、101シリーズのスパイダー、2600スパイダー。(Alfa Romeo archives)

Giulia TI
1962-1968

エンジン：	4気筒DOHC
ボア・ストローク	78 x 82mm
排気量	1,570cc
出力	90bhp
トランスミッション：	5段MT
終減速比：	5.125:1
ボディ形式：	4ドア・セダン
性能：	
最高速度	169km/h
0-60mph (97km/h)	13.3秒
全長：	4140mm
全幅：	1560mm
全高：	1430mm
ホイールベース：	2510mm

Giulia Super
1964-1978

下記を除きジュリアTIを参照：

出力	98-102bhp
終減速比：	4.556:1
性能：	
最高速度	175km/h
0-60mph (97km/h)	11.4秒

生産台数：
ジュリア1300	325,844
ジュリアTI	71,148
ジュリア・スーパー	177,897
ジュリアTIスーパー	501

キャンペーンも、ベルトーネ・ボディを載せた当座しのぎも必要なく、3つのモデルのうちまずはベーシックなベルリーナが登場する。しかしその成り立ちは決して"ベーシック"などではなく、アルファにふさわしい高度な内容だった。

果たしてシリーズ第一弾のジュリアTIはセンセーションを巻き起こす。ジュリエッタのベルリーナであるTIは、1900とアルファ一族共通の特徴を数多く共有していた。それに対し、盾形ラジエターグリルとエンブレムを別とすれば、ジュリアTIはジュリエッタとの連続性が薄い新鮮なデザインだった。"3ボックス"のテーマを文字通りに解釈したスタイルで、直角に折れ曲がったラインはライバルと比べても個性が際立っていた。

ジュリアシリーズでスポーツモデルの量産リーダーへ

ジュリアの設計コンセプトは、オラツィオ・サッタ・プリーガによる戦後2モデルと同じだが、サッタはそのボディ形状に最優先目標をふたつ掲げた。ひとつ目は依然としてコンパクトな外寸のなかに乗員、荷物、メカニズムのための空間を可能な限り広く取ること。ふたつ目はその目標をクリアしたうえで、可能な限り空力的効率を高めることだった。直線で構成されたボディは第一の要求を満たしただけでなく、生産が比較的容易という副次的メリットも生んだ。むしろ驚くべきは、どう見ても空力的とは思えないこのスタイルが低い抵抗係数を実現したことだ。風洞実験を活用してディテールを入念に煮詰めた結果で、技術陣の志気は高揚した。急角度でスラントしたボンネットラインがノーズに当たる気流をボディ上下に振り分け、スパッと切り落とされたカムテールがボディ後方の乱流を抑えたので、エンジンパワーをフルに利用できる形ができあがった。

排気量を大きくすると決まっていたので、低い空気抵抗は一層有効だった。ほぼスクエアだったジュリエッタのボア

43

ALFA ROMEO Always With Passion

ジュリア TI はその高い機動性を評価されて、イタリア警察のパトロールカーとして採用された。(Alfa Romeo archives)

を 4mm 拡げ、ストロークを 7mm 伸ばして 1570cc の排気量を得た。設計チームは 1900 のボア・ストローク比を復活させたわけだ。なお大径バルブのスペース確保のため、これ以前のアルファ・エンジンでは完全な半球形だった燃焼室は、頂部がフラットな形状をしていた。これはジュリエッタも同じだ。

エンジンの丈が少し増えたので、低いボンネット下に収めるため左に傾けて搭載した。大径バルブによる良好な吸入効率、9.0 の圧縮比、ツインチョーク・ウェバー 1 基により 92bhp のパワーを発揮した。主にインテリアが豪華になったため、乾燥重量はほぼ 1000kg とやや重くなったが、パフォーマンスは大幅に向上、最高速は 166km/h に達し、5 段ギアボックスを介した加速もレブレンジ全般にわたり鋭くなった。ただし依然として複雑なリンケージを介するコ

ラムシフトなのが玉に瑕だった。なおモデルナンバーは後期型ジュリエッタの 101 から、ジュリアでは 105 になった。ただしスプリントとスパイダーは、エンジンが変わっただけのジュリエッタなのでモデルナンバーは変わらない（第 4 章参照）。

ジュリアになって大きく進歩したのがロードホールディングだ。スプリングレートとサスペンション・ジオメトリーは一定程度のロールを許すものの、ドライバーを驚かせる"横っ飛び"は姿を消した。アルファは解決策としてリアアクスルの位置決め方法そのものを変えるのではなく、従来の三角形フレームの代わりに、T 字型をした鍛造パーツを採用、これではるかに強固な位置決めが可能になり、好ましくない横方向の動きが封じ込められた。ジュリアは操縦性もパフォーマンスも、従来のモデ

3. ALFA ROMEO GIULIA

ルから確実に進歩した。そしてジュリアを世に放ったアルファ・ロメオは、レースが育んだ純血種の血を引くスポーティなモデルを量産する中堅メーカーとして、ようやくその地歩を固めるのである。

TI を始めとするジュリア・モデルにより、アルファは企業として成功を収めるのに重要性を増しつつあったふたつの分野に踏み出す。前例のない大量生産・販売に移行すると同時に、待ちわびる海外市場への輸出に力を入れ始めたのだ。イギリスのアルフィスタにとってのビッグニュースは、1962年11月より RHD のジュリアが導入されたこと。ほぼ30年にわたってアルファのインポーターを務めたトムソン＆テイラーに代わり、アルファ・ロメオ自身の子会社アルファ・ロメオ（グレート・ブリテン）リミテッドが設立されて、本腰を入れた販売が始まった。

その後もアルファはジュリアの派生モデルを矢継ぎ早に登場させる。まずはTI のスポーツ版ジュリア TI スーパー。限定生産でわずか501台が作られたに過ぎず、1963年4月に登場、翌年にはカタログから落ちた。最初の数台を除いて、TI スーパーには全輪にディスクブレーキが備わる。なおディスクブレーキは2万2000台以降の標準型 TI と、それ以降に登場するすべてのジュリア・モデルに標準装備された。9.7 の圧縮比、アグレッシブなカムプロファイル、ツインチョーク・ウェバー2基により、最大出力は112bhp／6500rpm に向上、しかも低速域でのトルクが大幅に太くなった。その結果、加速が鋭くなり、最高速度は184km/h に達した。それだけではない。1900、ジュリエッタ、オリジナルジュリア TI と続いたベンチシートについに別れを告げ、

ジュリア・スーパー。外観は TI と見分けがつかないが、インテリアはぐんとスポーティにしつらえてある。(Alfa Romeo archives)

小排気量に魅力を増したジュリア

お膝元のイタリアを始め、排気量によって課税率が決まる国は多い。ジュリアは大好きだが、税金が高くて買えない。そんな顧客には小排気量版を選ぶ手があった。1964年5月11日、モンザで発表されたジュリア1300は、先代のジュリエッタTIでヒットし、信頼性にも実績のあるエンジンを、装飾パーツを簡略化したジュリアTIのボディに載せたモデルだ。

1300はオリジナルのジュリアTIと同じ4段ギアボックスと横長ストリップタイプのスピードメーターだったが、始めからフロアシフトで、フロントにはバケットシートを備えていた。1968年にダッシュボードのレイアウトが変更、丸形メーターが収まる。最大出力も78bhp／6000rpmに向上し、ジュリエッタTIより重いにもかかわらず、155km/hの最高速を始め、動力性能は事実上同じだった。追加モデルにしては大変なヒット作となり、カタログから落ちる1971年までに2万8358台が製造された。ただ人気を集めたのは主にイタリア国内で、ほとんど輸出されなかった。

これをはるかに上回るヒットとなったのが、1966年2月4日発表のジュリア1300のTI版。"本家"TIにならい、バケットシートを始め室内の装備品がぐんと充実していただけでなく、9.0の圧縮比、5段フロアシフトのギアボックスなどスペックも魅力的で、最高速160km/hを誇った。イタリアの国内価格はジュリア・スーパーの5分の3以下、6年の生産期間中、ジュリアのベルリーナ中屈指の人気モデルとなる。総生産台数は14万4213台、このなかには海外市場向けのRHD、2860台が含まれる。

1600ジュリアは4灯式ヘッドライト、オリジナルのジュリア1300TIは2灯なので識別できる。(LAT)

右：1974年以降の後期型ジュリア・ヌオーヴァ・スーパー1300。グリルがプラスチック製になり中央の盾形グリルは後期型ジュリアと同じく幅が広くなり、オリジナル・ジュリアTIと同じ4灯ヘッドライトになった。ハブキャップはスタッドボルトが露出したスポーティなタイプに変わっている。(Alfa Romeo archives)

1970年、ジュリア1300と1300TIに、装備の充実したジュリア1300スーパーが加わり、最終的に1300はスーパーに統一される。1974年にはフェイスリフトを受けたヌオーヴァ・スーパー1300が登場、1978年まで生産された。

ジュリア1300は小さな排気量ながらドライビングプレジャーを犠牲にすることがなかった魅力的なモデルである。

3. ALFA ROMEO GIULIA

後期型ジュリアのインテリア。ディッシュタイプのステアリングホイールと、センターコンソールから伸びるギアレバーは1750／2000ベルリーナと同じ。(LAT)

フロントにバケットシートが備わる。これでドライバーはしっかりホールドされ、パワーを思う存分活かせるようになった。

魅力的な装備品も増えた。横長ストリップタイプに代わる大径スピードメーター。コラムシフトに代わるフロアシフト（3、4速側に軽くスプリング負荷がかかっている）。3スポークのステアリングホイール。アルミホイール。極めつけはフェンダーとリアを飾るアルファ・コルセの四つ葉のクローバー。TI スーパーが高い動力性能と、比類なき伝統を秘めていることを示す象徴だ。

アルファはTIとTIスーパーのあいだにジュリア・スーパーを滑り込ませた。1965年のジュネーヴ・ショーでデビューしたこの新しいベルリーナは、ツインチョーク・キャブレター2基と9.0の圧縮比で98bhp／5500rpmを発揮した。ややビジネスライクなスタイルを引き立てるため、サイドシルに沿って走るクロームストリップなど、控えめな装飾パーツを追加したほか、テールのコンビネーションライトのデザインを改め、仕上げにリアクォーターウィンドーピラーに小さな金属製の四つ葉のクローバーをあしらった。

オリジナルのジュリアTIは5年間製造され、総生産台数は7万1148台に達する。そのうち3分の1弱が、1964年からオプションになったフロアシフトだ。RHDは1412台に過ぎない。しかし商業的なヒットという点ではTIはジュリア・スーパーの足もとにも及ばない。1965〜78年の長きにわたりカタログモデルとなったジュリア・スーパーの総生産台数は17万7897台、これとは別にディーゼルエンジン搭載車が6572台ある。

1971年、スーパーは一連の改良を受ける。主な変更点は以下の通り。ダッシュボードからフロアマウントになったパーキングブレーキ。2系統ブレーキ。

吊り下げ式ペダル。ブレーキオイル警告灯とパーキングブレーキ警告灯の追加。パワーは102bhpに向上し、計器が増えてインテリアが豪華になった。さらに1974年にはフェイスリフトを受けてヌオーヴァ（ニュー）・スーパー1600になり、1978年まで生産された。なおディーゼルエンジン版が1976年からカタログに載った。

ジュリアはジュリエッタをベースにしているが、あらゆる点でこれを上回っている。一回り大きな分、柔軟性に富み、一枚上手のパワーと動力性能を発揮するエンジン。パワーを余すことなく引き出す5段ギアボックス。リアアクスルの位置決めを見直して、一段と磨きがかかった操縦性。手強いライバルとも一線を画する個性的なスタイル。とりわけ後期型では装備品も充実し、丸形に統一されたメーターを完備、商品性を高めた。こうしてジュリアは昔からのアルファ信奉者だけでなく、新たな顧客を大量に獲得していく。

ここで筆者の個人的な好みに触れることを許していただけるなら、67年型のジュリア・スーパーはもっとも好ましいアルファの1台だと思う。インテリアは乗る者を暖かく迎え、TIよりほんの少しパワーアップした分、意のままに走る。このクルマに乗るとイタリア人にとってのベルリーナの理想像が見えてくる。

ジュリアでもアルファ特有のロールはついて回るが、足回りはひたすらグリップするし、応答性のよいステアリングにより、クルマのノーズは面白いように向きを変える。いっぽうブレーキはドラム

1970年のジュリア・スーパー。四角四面なフォルムは、実は驚くほど空力的に優れている。(LAT)

ALFA ROMEO Always With Passion

最終型のヌオーヴァ・ジュリア・スーパー。ジュリアには1300と1600のエンジンが用意されたが、1976年6月からはパーキンス製ディーゼルエンジンも加わった。4気筒1760ccで52bhp(DIN)を発揮した。(Alfa Romeo archives)

であれディスクであれ相当な踏力を要する。乗り心地は路面状態にもろに左右されるし、悪路ではテールが落ち着きなく跳ねる。しかし回転フィールをリアルに伝え、どこまでも回ろうとするツインカムと、滑らかな5段フロアシフトを一度味わってしまうと、そんなことに文句を付ける気にならなくなる。

設計年次を考えると室内は驚くほど静かだが、その秘密は優れた空力特性にある。カントリーロードを長距離走ったあと、満面の笑みを浮かべてクルマから降りてくるファミリーマン。そんな彼にとってジュリアは最適なクルマだ。彼の愛車は1300ccエンジンなのだが、もの足りないとは感じていない。小型エンジンを搭載したジュリアは、フル加速でこそ遅れを取るが、路上での挙動がとても洗練された、スイートなクルマである。1600ccより1300ccを好むアルフィスタがいるのも不思議ではない。

1965年、アメリカの専門誌『ロード＆トラック』がジュリアTIをテストした。どうやら外観に馴染めなかったようで、テスターは次のように書いている。「とにかくボクシー。あらゆるコーナーが直角だ。どこにでもある中間サイズのフィアットのようで、アルファから連想する流麗でセクシーなフォルムではない」しかしこう続けて美点を認める。「しかしぱっとしない外観の下のいたるところに、1600ccクラス最良のメカニズムが潜んでいる」

同誌は改良されたサスペンションは期待以上の成果を上げているという。「きちんと設計され、セットアップされたリアのライブアクスルとはいかに有能になり得るか、TIを走らせるとはっきり実感できる。タイアは路面をよく捉え、急加速を試みてもアクスルトランプは看取されず、路面の荒れたコーナーでも横っ飛びはよく抑えられている」試乗車は全輪ドラムブレーキだったが、テスターにはなんの不満もなかった。「(ブレーキは) どんな酷使にも充分耐えてみせた」

それから3年後、同誌はジュリア・スーパーをテストしている。このときも美しいクルマではないと前置きしたうえで、ロードマナーに関してはほぼ非の打ち所がないと評価した。「のっぺりしたサイド。角張ったボディ。チャーミングな恰好ではない。しかしスポーツセダンとしてあるべき姿をきっちり実現している。シートに着くや、シフトフィールに、ステアリングレスポンスに、そしてドライビングそのものに魅了される。クルマのいたるところから「アルファ、アルファ、アルファ！」と語りかけてくる。ドライビングを愛する者にとって、これに優るエールはない」

ブレーキ、ハンドリング、ギアボックスを賞賛するコメントが続いたあと、ドライビング・ポジションに難ありと指摘する。当時のアルファの通弊として、イ

バイヤーズ・ガイド

1 モデルナンバー105のジュリアはこれ以前のベルリーナより造りが荒く、基本ストラクチャーに質の悪いスチールを使用しているため劣化が激しい。覚悟されたい。気が滅入るほど惨めな個体を検分することになる。

2 サイドシルのアウター側と、インナー側の固定パネルは錆びやすい。シルの腐食が、インナーシルとフロアの接合部まで進んでいない個体もある。

3 フットウェルはフロントのジャッキアップポイント周辺から錆び、フロアはフロントシートマウントから穴が空く。リアフットウェルは大径のドレインホール周囲がぐさぐさになっている可能性あり。

4 リアホイールアーチ、リアスカート(箱形断面)、リアドア外周部は錆びやすい。リアホイールアーチとリアスカートはリペア用セクションが手に入る。リアパネルの継ぎ目から錆が出やすく、最後は穴が空く。トランクリッドの一番下の錆はひどいことになる。

5 ヘッドライト周囲のパネルはヘッドライトに向かって、かなりの角度で傾斜しているため錆が出やすい。フロントフェンダーの裏側、ドアボトムも同様。

6 105ジュリアのベルリーナとそこから派生したクーペ、デュエット/スパイダー。どのモデルもラジエターの下を走るクロスメンバーが錆びやすい。

7 ドアウィンドー周囲のクロームメッキパーツを伝わった水が、ウィンドーシルの腐食を起こす。ドアミラー固定部から錆が広がることがある。

8 メカニカル面のチェックポイントはこれ以前のモデルと同じ。2系統ブレーキ用サーボとマスターシリンダーはまず手に入らないから要注意。

9 突起を乗り越えるとフロントサスペンションからきしり音がするのは、サイレントブロック製ブッシュがへたっているからで、これの交換は厄介だ。リアで同じ音がする場合、アクスルを位置決めしているAブラケットのピボットに注油するだけで直ることがある。これで解決しない場合はブッシュの寿命を疑おう。これは105ジュリア以降、すべてのフロントギアボックス・アルファに当てはまる。

10 105のベルリーナ、そこから派生したクーペ、1750/2000のベルリーナとスパイダー共通の現象として、フロントのスプリングパンが錆びて使いものにならないことがある。交換は危険を伴うので、スプリングコンプレッサーを用いるのが望ましい。リアスプリングのへたりは珍しくない。

11 フロントブレーキが3シュー・ドラムでも、ディスクよりスペックが劣ると感じる必要はない。このドラムブレーキは高度なエンジニアリングの産物で、強い制動力を発揮する。ただしこのトリプルシューはオーバーホール費用が嵩み、調整も容易ではない。従って101ジュリアを含め、ドラムブレーキが不調な個体は要注意だ。

12 アルファのエンジンはモデル毎にパワフルになっており、エンジンマウントにかかるストレスも大きい。力を込めてエンジンを揺すり、マウントに裂け目が入っていないかチェック。エグゾースト・マニフォールドのクラックにも目を光らすこと。

13 ゴム製キャブレターマウントは硬化して亀裂が入り、空気が漏れることがある。シューという音がしたらまず漏れている。疑わしい場合はエンジンを回した状態で、ケミカル用品メーカーが販売する防錆潤滑剤をマウント部にスプレー。漏れがあれば回転数が上がるはずだ。

14 内装材はアメリカの専門メーカーから入手可能。

タリア人の体形に合わせたポジションは、どうにもしっくり来ないのだ。エンジンの振動、シングルスピードのみのワイパー、お粗末なヒーターとベンチレーションも欠点として挙げられた。テスターはヒーター作動中に点灯するランプはとりわけ実用的な装備だと言う。ヒーターがオンなのかオフなのか、これ以外に知る術がないのだから、と手厳しい。総じてジュリア・スーパーの出来映えに寄せた『ロード&トラック』の評価は的を射ており、このクルマは「実用上、コンパクトなセダンに2ℓ以上のエンジンは必要ない」ことを示していると結んでいる。この記事に触発されたとは思えないが、アルファはジュリアに2ℓのエンジン換装を計画していた。それが登場するのは少し先の話である。

ALFA ROMEO Always With Passion

Giulietta & Giulia
Sprints & Spiders
ジュリエッタとジュリア スプリントとスパイダー

これは 1300cc エンジンを搭載した後期型のスプリント。空力的にクリーンなプロファイルがわかる。
(Alfa Romeo archives)

　おとなしい外観の下に驚くべき高性能を秘めたクルマ。1900 はアルファにとって新しい路線を切り開いたモデルで、ジュリエッタとジュリアのベルリーナは 1900 の路線を踏襲して成功した。そのベルリーナが切り開いた道を、一連の派生モデルが辿ることになる。基本テーマこそベルリーナと同じだが、これら派生モデルはアルファの伝統にふさわしく、パフォーマンスに似合った素晴らしいスタイルをしていた。ジュリエッタのベルリーナ用ボディの生産が遅れ、発表を予定していた 1954 年に間に合わなかったこと。資金のてこ入れのために抽選キャンペーンを敷くが、問題は解決しなかったこと。進退窮まったアルファがベルリーナの生産準備が整うまでの繋ぎとして、クーペボディを少数製造するようベルトーネに委託、これをプレスに披露するとともに、抽選の賞品として納めたこと。これら一連の経緯はすでに見た通りだ。

　ベルリーナに先んじてクーペを出すと

4. GIULIETTA & GIULIA SPRINTS & SPIDERS

はどう見ても順番が逆ではあったが、これがアルファを救う唯一の手段だった。こんな短期間でボディを作れるのはスキル、スピード、対応力を併せ持った一流カロッツェリアの職人しかいなかったからだ。しかもそうして完成した作品は並はずれた傑作だった。アルファはベースとなるプロトタイプを2台製作して、エンジン、コンポーネント、ランニングギアのテストに使った。そして1953年秋、そのうちの1台がベルトーネに、もう1台が当時カロッツェリア・ギアを率いていたマリオ・ボアーノに委ねられた。ポルシェからアルファに移籍してテクニカル・マネージャーの座に就いていたオーストリア人エンジニア、ルドルフ・フルシュカは、このふたつのカロッツェリアにデザインプロポーザルを作らせ、どちらかひとつを1954年春のトリノ・ショーに出展したあと、生産する算段だった。そのときはせいぜい1000台程度のつもりだった。

すべてのボディ生産をベルトーネが担当

ボアーノのデザインは野心的だったし、ギアには必要な台数を短期間に製作する設備も整っていた。一方、ベルトーネはプロトタイプのプロポーションを活かしつつ、エレガントにしてバランスの取れたフォルムを作りだした。その後10余年にわたりアルファの主役の一翼を担うことになるフォルムだ。フルシュカはベルトーネのデザインを採用するのだが、彼らの生産設備は限られており、予想される台数をこなせそうにもない。そこで関係者一同が考え出した解決策はいかにもイタリア的だ。つまりベルトーネがデザインモデルを製作し、ギアが生産を担当することになった。しかしその後ボアーノとギアが決別、両者が法廷で争うようになり、この合意は根底から崩れてしまう。

Giulietta Sprint/Sprint Veloce 1954-1962

エンジン：	4気筒 DOHC
ボア・ストローク	74 x 75mm
排気量	1290cc
出力	65bhp (58年から79bhp)
（ヴェローチェ	79bhp)
トランスミッション：	4段 MT
終減速比	4.555:1
（ヴェローチェ	4.1)
ボディ形式：	2ドア・クーペ
性能：	
最高速度	165km/h
ヴェローチェ	174km/h
0-60mph (97km/h)	14.8秒
ヴェローチェ	14.2秒
全長：	3980mm
全幅：	1540mm
全高：	1320mm
ホイールベース：	2380mm

Giulia 1600 Sprint 1962-64

下記を除きジュリエッタ・スプリントを参照：
出力	91bhp
最高速度	170km/h
0-60mph (97km/h)	13.2秒

Giulietta Spider/Spider Veloce 1955-62

下記を除きジュリエッタ・スプリントを参照：
ボディ形式：	2座ロードスター
全長：	3860mm
全幅：	1580mm
全高：	1335mm
ホイールベース：	2200mm

Giulia 1600 Spider/Spider Veloce 1962-65

下記を除きジュリエッタ・スパイダーを参照：
出力	91bhp
（ヴェローチェ	113bhp)
最高速度	171km/h
ヴェローチェ	180km/h

Giulietta SS 1957-62

下記を除きジュリエッタ・スプリントを参照：
出力	97bhp
最高速度	183km/h
0-60mph (97km/h)	12.4秒
全長：	4120mm
全幅：	1660mm
全高：	1280mm
ホイールベース：	2250mm

Giulia SS 1963-66

下記を除きジュリエッタSSを参照：
出力	113bhp
最高速度	191km/h
0-60mph (97km/h)	12.0秒

生産台数：
ジュリエッタ・スプリント	24,084
ジュリエッタ・スプリント・ヴェローチェ	3,058
ジュリア1600スプリント	7,107
1300スプリント	1,900
ジュリエッタ・スパイダー	14,300
ジュリエッタ・スパイダー・ヴェローチェ	2,796
ジュリア1600スパイダー	9,250
ジュリア1600スパイダー・ヴェローチェ	1,091
ジュリエッタ SS	1,366
ジュリア SS	1,400

ALFA ROMEO Always With Passion

アルファがメカニカルコンポーネントのテスト用に作ったプロトタイプをベルトーネが巧みに応用することで、ジュリエッタ・スプリントは生まれた。このころベルリーナのボディ／シャシーはまだ開発途中だった。盾形グリル左右のエアインテークは、もとはとてもシンプルなデザインだ。テールゲートは"抽選の賞品車"専用の特徴。
（Alfa Romeo archives）

結局、ベルトーネが小さなワークショップですべての台数を生産せざるを得なくなった。デザインプロポーザルは、モックアップから手で叩いたボディに進化し、ラジエターグリルは当時発表されたばかりのアルファのデリバリーバンから借用した。ベルトーネの作品はトリノ・ショーのアルファ・ブースに展示されるや、見る者だれをも魅了した。会場の反応からして、だれの目にも明らかだった。スプリントと呼ばれることになるこの生産型、当初見こんだ数の数倍は売れる手応えがあったのだ。ショーが終わって2か月後、アルファはベルトーネに生産台数を2倍に増やすよう強く要請した。できない相談と思われたが、その後需要と生産は互いに競うように伸びていった。

ベルトーネは木製の叩き台からスチールの型に切り替え、広大なワークショップを新設、新たに工具を雇い入れると同時に、商業面でも技術面でもあらゆる力を最大限に働かせてスタイリッシュな小型クーペの増産にいそしんだ。デザインプロポーザルが提出されてから5年後、1日あたりのボディ製造台数は4台から34台に増えていた。完成したボディはアルファのポルテロ工場に搬送され、各コンポーネントが生産ライン上で取りつけられていく。当初1000台だった注文は6000台に増えた。ジュリエッタ・スプリントは1962年に生産終了するまでに総計2万7000台以上が、後継モデルのジュリア・スプリントは同じボディで7107台が生産された。

ベルリーナと比べて、スプリントは26％ほど高価だった。顧客はプレミアムを払う代わりに、なにを手に入れたのだろう。まずはスタイリッシュな2+2クーペボディだ。曲線を描きつつルーフからテールに連なるファストバックは、スピードとパフォーマンスを表現していた。なお生産初期ロットはハッチバック式のテールゲートだったが、すぐに通常のトランクリッドが取って代わった。スプリントの圧縮比はベルリーナの7.5に対し8.5と高く、初期型ではツインチョークキャブレター1基により80 bhp／6300rpmを発揮した。シャシーはベルリーナと共用だが、クーペボディは35kgほど軽く、165km/hの俊足を誇った。

今述べた点を別にすれば、初期型スプリントの機構はベルリーナと事実上

4. GIULIETTA & GIULIA SPRINTS & SPIDERS

ジュリエッタ・スプリントのインテリア。アルファのカタログから。(Peter Marshall collection)

同じで、ギアボックスは4段、最初の7300台はコラムシフトだった。1.3ℓエンジンはハードワークを強いられたので車内はかなりやかましかったが、装備品はベルリーナより豪華だ。なにより美しいスタイルが細かな欠点を補って余りあった。完璧なバランスを誇るボディ。1950年代中盤の比較的小排気量なクーペとしては抜群に優れた応答性と動力性能。このコンビネーションが、今も昔もスプリントの美点である。

ジュリエッタ・スプリントは、戦前のアルファ・ロメオに一脈通じる魅力を、現代の形に置き換えたクルマだった。そしてアルファは次の派生モデルで、その方向にもう一歩踏み出す。これもボディはカロッツェリアの作品だったが、今度はピニンファリーナだ。前後トレッドはそのままに、ホイールベースを13cm短縮したシャシーに軽快なオープン2シーターボディを載せたこのモデルは、スプリントより20kgほど軽く仕上がっていた。

ジュリエッタ・スパイダーは、1955年夏に登場した瞬間から"クラシック"であり、生産量（7年間に1万7000台余り）の点でも、スプリントに匹敵する成功作となった。エンジンも最高速もスプリントと同じだが、簡単に開閉できるソフトトップを備えた純粋な2シーターボディは時代を超越したスタイルをしており、クーペやベルリーナ以上にアルファのエンブレムが似合った。価格はスプリントと比べて若干高いだけ、ベルリーナ比でもプラス38％に収まったが、スパイダーだけはまったく別のカテゴリーに属するクルマのようだった。

スプリント同様、スパイダーのディテールには見所が随所にある。エンジンはヘッドとブロック（初期型のカムカバーには細かい網目状の模様が入っていた）だけでなく、リブが入ったオイルサンプ、トランスミッションとファイナルドライブのハウジングまでアルミ製だ。フロントのブレーキはドラム部分が鋳造アルミ、ライニングは鉄製。ドラム外周部は機械加工されて深いリブが斜めに立っており、冷却面の表面積を増やすとともに、もっとも高温になるドラム部分に冷却風を導く。

計器はドライバー正面のメーターナセルにコンパクトに収まる。中央が大径のタコメーター、その片側が円形のスピードメーター、もう片側が燃料計、水温計、油温計からなる集合メーターだ。2脚のバケットシートは鋭いコーナリング中も身体をがっちりホールドした。シフトレバーはかなり長めで、ダッシュボード下から斜めに伸びている。

スパイダーが発表されるや、人々は熱狂的にこれを迎えた。1959年にオリジナルの750シリーズエンジンから、耐久性の高い101シリーズに代わったことは先に述べた通りだが、この機会

オリジナルの状態をよく保ったオランダ・ナンバーのスプリント。(LAT)

55

ALFA ROMEO Always With Passion

凛とした表情のジュリエッタ・スパイダー。スプリント後期型の煩雑なグリルはスパイダーには最後まで備わらなかった。(LAT)

にスパイダーのホイールベースが5cm伸び、三角窓が追加になった。同時にスプリントのグリルが変わり、固定式だったリアサイドウィンドーがヒンジによる開閉式になった。発表まもないスパイダーをテストした『ロード＆トラック』はためらうことなく「今まで乗ったなかで、もっとも魅力的な小型スポーツカー」と言い切っている。

　格別の賞賛に値するとされたのはハンドリングだ。「路面追従性は水準を大きく超えている。コーナー旋回中に感じるのはごく穏やかなアンダーステア。キャスターアクションにより、ステアリングが直進位置へ戻ろうとする動きをごく軽く感じるだけだ。顕著なロールもなく、タイアがスキール音を発するのは、ピレリの絶対的な限界を超えた場合のみである」ブレーキも高得点を獲得した。「非の打ち所のないハンドリングに

ジュリエッタ・スパイダーは戦後のアルファが作ったオープントップモデルの傑作である。コンパクトなサイズと活発な動力性能が美点。三角窓がないことから、写真のクルマはショートホイールベースの750シリーズだとわかる。(LAT)

4. GIULIETTA & GIULIA SPRINTS & SPIDERS

次いで、ジュリエッタ第2の美点はブレーキ。私がこれまで経験したなかで断トツのトップとは言えないまでも、ベストに近い……2種類の金属を使い分けたブレーキは見た目もよい。ひとつのドラムに72個のフィンが角度を付けてくっきりと刻まれており、積極的に冷却風を循環させる。事実、まったくフェードしない」

巻き上げウィンドーも評価された。ウィンドーレギュレーターを何度も回すのが面倒だという意見もあったが、フラップ式やスライド式サイドウィンドーからは大きな進歩で、スパイダーはこの点で将来のスポーツカーのトレンドセッターになった。ドライビングポジションには不満の声がある。身長の低いドライバーはステアリングホイールの下から前方を覗き見るしかなく、長身ドライバーは髪の毛が天井に触れた。それにホーンがか弱くて、混んだ道では周囲の騒音にかき消されてしまった。

排気量わずか1.3ℓながら、優れた運動性能と動力性能を兼ね備えたスプリントとスパイダーは、市場に導入されるやすぐに乗る者を心躍るドライビングに誘った。しかしまもなく、レースを考える顧客層向けの強化版をせがむ声がディーラーから寄せられた。こうして1956年、エンジンを強化し、ボディに手を加えたヴェローチェがラインナップに加わった。

ヴェローチェはハイクラウン・ピストンにより圧縮比を9.1に高め、ツインチョークキャブレターを2基備え、ピーキーなプロファイルのカムを組み込むことで、パワーは90bhp／6500rpmに向上した。スプリントではパースペックス製のスライディングウィンドーになり、ウィンドーの巻き上げ機構が入っていたドア内部が中空になり、ひじを自由に動かせる空間を稼いだ。加えて燃料タンク容量が53から80ℓになり、増えた燃料消費に対応するだけでなく、航続距離も伸びた。

空間の限られるスパイダーでは燃料タンクの容量はオリジナルのままだが、ボンネット、トランクリッド、ドアはアルミ製で軽くなった。なおスプリント、スパイダーともにバンパーはアルミ製だ。これだけ入念な軽量化策を施したにもかかわらず、実際の車重はスパイダーで5kg、スプリントで15kgほど増えてしまった。それでもパフォーマンスは確実に一枚上手で、公表最高速180km/hを謳い、0－60mph（約100km/h）加速は15秒から13秒に短縮された。併せてエンジンのレスポンスもレブレンジ全域にわたり向上している。ヴェローチェは後に巻き上げ式ウィンドーなどの装備品を充実させて、通常のカタログモデルとなった。

かつてのアルファでは一番人気のカラーはレッドで、次がホワイトだった。これはパノラミック・スクリーンとスライディングサイドスクリーンを備えるプリプロダクション・モデル。量産型はスクリーンの左右回り込みがなくなり、巻き上げウィンドーを備える。(Alfa Romeo archives)

57

ジュリア・スプリントのコンパクトなエンジンベイにすっぽりと収まるアルファ・ツインカム4気筒の1570cc版。これは1964年製のジュリア・スパイダー。(LAT)

これまで紹介したジュリエッタの派生型は、どれもひとつの事実を実証している。1.3ℓエンジンとしては奇跡と言うべきパワーとパフォーマンスを発揮したことだ。だからベルリーナに続いて、ボアとストロークを拡大した1570cc新型エンジンを搭載したジュリア1600スプリントとジュリア1600スパイダーが1962年に登場すると、だれもがさらなる奇跡を期待した。しかし一回り大きなエンジンによるパワーの向上は始めのうちは控えめで、むしろアルファの技術陣は低い回転域でのトルク増強に力を注いだ。やがてSZとSSで初めて導入された5段ギアボックスが採用され ると、パフォーマンスと柔軟性は大幅に向上する。名前がジュリアになった両モデルの最初のスペックは、圧縮比9.0、最大出力92bhp／6200rpm、最高速172km/hである。

1962〜64年の2年で、7107台のジュリア・スプリントが生産され、最後の107台はようやくフロントブレーキが大径アルフィンドラムからディスクに変わった。性能が上乗せされるなら、多少余計に払っても構わないという顧客向けのヴェローチェは、ジュリア・スプリントにはなかったが、1年長く生産されたジュリア・スパイダーには用意された。スパイダー・ヴェローチェの圧縮比は9.7、2基のツインチョークキャブレターによりパワーは112bhp／6500rpmに向上して、トップスピードは180km/hに伸びた。こうしてスパイダー・ヴェローチェはアルファ史上屈指の傑作となる。ジュリエッタ・スパイダーが小さなエンジンから驚くべき性能を発揮したモデルとするなら、ジュリア・スパイダー・ヴェローチェは、一部のはるかに排気量の大きいパワフルなクルマを別として、ほぼあらゆるライバルの向こうを張れる、掛け値なしの高性能車だった。

果たしてジュリア・スパイダーはジュリア・スプリントを上回る成功作となった。3年間で9250台が製造され、これとは別にヴェローチェが1091台作られた。1965年9月に1台をテストした『ロード＆トラック』は、パフォーマンス、ギアボックス、とりわけハンドリングに惚れ込んだ様子だ。ただし問題点も多少挙げており、例えば幌を立てると斜め後方視界が悪いこと、テストチームの大柄なメンバーにとってはシート座面の幅が限られていることを指摘している。それにしても同誌の結論は、まさにアルファが聞きたいと望んでいた賛辞に違いない。「アルファ・ロメオ1600（スパイダー）ヴェローチェは、あらゆ る水準に照らし合わせても卓越したスポーツカーだ。鋭いレスポンス、正確なハンドリング、操作の容易性を兼ね備えた、腕の立つドライバーにも初心者にも長年にわたって楽しめるスポーツカーに仕上がっている。それにこのクルマにはアルファならではの、数値に置き換えられないキャラクターが備わっている。オーナーとのあいだに親密で充足感のある関係を成り立たせるキャラクターだ」

一方、懐の軽いファン向けに1963年、1290ccのスプリントがカタログに再登場する。事実上、ジュリエッタ・スプリントの復活となるこのモデルは、1300スプリントと名づけられて1965年まで

上から見たジュリア・スパイダーのインテリア。ドライバーの正面に据えられた計器、短めのシフトレバー、バケットシートが伝統的スポーツカーの魅力を演出する。(LAT)

4. GIULIETTA & GIULIA SPRINTS & SPIDERS

1959年に101シリーズのスプリントが市場に導入されるのに伴って、フロントのデザイン細部が改まった。これは改訂後の1570cc ジュリア・スプリント。（Alfa Romeo archives）

に1900台が作られた。

　スプリントとスパイダー。当時のジャーナリストがこのふたつのモデルに向けて送った熱烈な賛辞は、今もそのまま当てはまりそうだ。750シリーズも101シリーズも、ジュリエッタのベルリーナでおなじみのレシピで作られている。ダイレクトで鋭いステアリングとギアチェンジ、高回転まで伸びるエンジンとバランスの取れたハンドリングは期待を裏切らない。どれも超高速を狙ったクルマではない。しかしお気に入りのカントリーロードを走らせると明らかになる、活気に満ちた小気味よい走りにドライバーは夢中になり、やがて病みつきになる。

　クルマのスポーティなキャラクターがもっとも端的に表れるのがステアリングだ。スプリント、スパイダーともにステアリングの応答がクイックで、コミュニケーション能力にも優れ、スポーツカーにとってラック・ピニオンが必ずしも"マストアイテム"ではないことを実証している。ジュリエッタ譲りのロールは若干あるが、路面追従性の優秀なことはドライバーの期待通り。半面、気軽に乗れるクルマでもある。エンジンはあっけないほどフレキシブルで扱いやすく、1570cc版は一層取っつきやすい。

　同時代のイギリス製スポーツカーと比べるとアルファのキャラクターがよくわかる。キビキビと反応して、なおかつ安全な挙動に終始するMGAのシャシーは確かに有能だ。しかしそのプッシュロッドエンジンには、アルファ・ツインカムのナイフのような切れ味はない。なるほどビッグ・ヒーレーのまったりしたトルク感は魅力的だ。しかし重くて厄介なギアチェンジと、ドライバーの身体に過酷なほどプリミティブなロードマナーは我慢するしかない。対照的にアルファはバランスの取れた繊細な乗り味を示す。アルファの違いが際立つのはこの部分である。

ALFA ROMEO Always With Passion

ジュリエッタ SZ と SS、そしてジュリア SS

スプリントとスパイダーは標準型もヴェローチェも、ジュリエッタのメカニカルコンポーネントを活用して、一流のキャラクターと性能をコンパクトなパッケージにまとめた比較的買いやすいクルマである。しかし基本設計の優秀性をもっとも端的に表わすのは、少数が製作され、今やコレクター垂涎の的になっているふたつのスペシャルバージョンである。ひとつは戦前よりアルファとゆかりの深いカロッツェリア・ザガートがレースを念頭に置いて製作したモデル。もうひとつは豊かな曲面ぜいたくに使ったベルトーネによるモデルだ。

ジュリエッタ SZ（スプリント・ザガート）のフロントビュー。全面投影面積が小さい、いかにも空力的に優れた形状だ。（Alfa Romeo archives）

2台のうち目的が明快な形に表れているのはジュリエッタ SZ（スプリント・ザガートの頭文字）の方である。1957

初期型ジュリエッタ SZ のテールはラウンド形状。風洞実験よりもデザインの所産である。（LAT）

年にプロトタイプとして登場し、1960年からシリーズ生産が始まった。スパイダーのフロアパン（スパイダーよりホイールベースが短い）とランニングギアを流用するが、ボディは角断面と小口径の鋼管を組んだ骨組みの上に、入念に造形したアルミパネルを貼り合わせたザガートー流の工法で作られている。戦前生まれの先祖である1750同様、SZ のデザインはスタイルより機能優先だ。一見素っ気ないボディは実は空力的に優れ、全面投影面積も小さく、空気抵抗を増やす突起物を最小限に抑えている。

軽量化にも最大限の意が払われ、ボディをアルミ製にしただけでなく、サイドウィンドーをパースペックス製にするなどした SZ は、発表時 785kg の軽量を誇った。ただしインテリアは相応に簡素で、カーペットの代わりにゴムマット、内部はほとんど剥き出しで、

4. GIULIETTA & GIULIA SPRINTS & SPIDERS

コーダトロンカ・テールのジュリエッタSZの室内。レーシングカーの基準からは豪華だが、サイドサポートを重視したシートや、計器の配置が素性を明らかにしている。(LAT)

サンバイザーも省略され、スプリントでは後席に充てられる空間は、荷物用フロアに変わっている。その代わりSZには、上体をがっちりホールドするタイトなバケットシートが2脚備わる。

圧縮比を9.7に高め、ツインチョーク水平型キャブレターを2基備えて、エンジンパワーは100bhp／6500rpmの大台に乗った。5段ギアボックスを駆使した0－60mph加速は11秒プラス、最高速は190km/hを超えた。

長距離用の実用的なGTモデル

1961年12月、SZをテストした『ロード&トラック』は「これまで乗ったなかでベストの1台」と断言している。ドライ路面のハンドリングは秀逸、大径ドラムは大抵のハードブレーキにもよく対応して、フェードは最小限と手放しの評価振り。一方、ウェット路面ではショートホイールベースと高いパワー・ウェイト・レシオの相乗効果で、テールスライドを起こしやすいと指摘するテスターもいた。

純粋なレース用にはコンレロがチューンした115bhpのエンジンも搭載可能で、この場合最高速は200km/hを超えた。その後、ジュリエッタSZは徹底的な空力実験を受けてルーフラインが低くなり、リアエンドがスパッと裁ち落とされたコーダトロンカ形状に改まる。最終型は1962年に30台が製作されたが、SZは合計してもおよそ200台、生産型GTのホモロゲーションを受けるのに必要な台数しか作られなかった。設計が巧妙だったので、生粋のレーシングマシーンとしてはもちろん、長距離用ロードゴーイングのGTとして使ってもまったく問題ない実用性を備えていた。

ジュリエッタSZが剥き出しの動力性能を形にしたクルマとするなら、ベルトーネが1957年にプロトタイプを登場させたジュリエッタ・スプリント・スペチアーレ（頭文字を採ってSS）はスタイリングとクラフトマンシップを形にしたクルマだ。今思えばジュリエッタ・スプリントはベルトーネが否応なしに作ったモデルだった。そのスタイルはアルファのプロトタイプをベースにしていたうえに、一般に向けて発表、販売するまでの作業には一刻の猶予も許されなかったからだ。一方、SSはベルトーネが作りたかったクルマ。そこではエレガンスと優れた空力特性が両立していた。

SZ同様、プラスチック製ウィンドーとアルミボディを備える初期のSSも、もともとレーシングカーを意図したモデルだった。しかし1959年、最初の生産型が完成するより前に、SSは装備の整ったロードカー、自分よりはるかに高価なクルマがライバルの、見た目も中身も充実したGTクーペに仕立てるという決定が下った。SZと同じように、ジュリエッタの高性能版エンジンと5段ギアボックスを採用したベルトーネのクーペは、SZと同じ最高速ながら、室内が快適なので広い顧客層を獲得した。価格もSZより安かったので、5年間に1366台が作られた。ただしイギリスではずっとレアモデルで、1960年初旬、個人所有のジュリエッタSSをテストした『オートスポート』は、これがこの国唯一の1台だと

ジュリエッタ SZ と SS、そしてジュリア SS

言っている。

　ベルトーネ・ボディをまとったジュリエッタ SS は、新しい 1600cc エンジンを得てジュリア SS になり、1963 年 3 月のジュネーヴ・ショーに登場した。スパイダー・ヴェローチェ用の高性能エンジンを載せた SS は、優れた空力特性を活かして 200km/h を確実に超える最高速を誇った。スプリント GT（それ自体、このクラスでは高価なモデルだった）より 13% 高価だった SS は、もとより数がはけるモデルではなかったが、それでもジュリエッタ SS をわずかながら上回る 1400 台が 2 年間に製造された。

右：スプリント・スペチアーレ。アルファ・ロメオ歴代モデルのなかでも美しさにかけては屈指の 1 台。流行は変わるが、ベルトーネのデザインは時間を超越してクラシックの域に到達したようだ。(LAT)

下：スプリント・スペチアーレのインテリア。レーシングカーの雰囲気は薄い。(LAT)

4. GIULIETTA & GIULIA SPRINTS & SPIDERS

ALFA ROMEO Always With Passion

一族の末裔。1963〜65年にかけて作られた1300スプリント。(Alfa Romeo archives)

バイヤーズ・ガイド

1 スプリントもスパイダーもハンドメードで、すべてのパネルを溶接して成り立っている。従ってパネルをボルトで外して、程度のいい中古品と交換というわけにはいかない。工作水準は高いが、防錆対策はなされていない。

2 レストアの対象として湿度の高い国にあったスパイダーを選ぶと、いずれ立ち行かなくなる。古いクルマだし、季候で痛めつけられているからだ。アメリカなら個体数も多いし、まず間違いなく状態もいい。

3 スパイダーのシルは11個の部分からなる複雑な構造。見た目の良さにだまされぬよう。アウターシルを最近パテ盛り修理していれば、仕切り板とインナーシルが錆びていても外からはわからない。一方、曲面からなるインナーシル自体は基本的に錆びないので、ここだけ見て安心してはならない。オープンカーは全般に、ドアとボディとのすき間が、内部構造がしっかりしているか、これまでレベルの高いリペアを受けてきたかを判断する好材料だ。上から下まで、右から左まですき間は均一であること。ドアのすき間の上が狭く下が広い、またはその逆の個体は疑ってかかろう。車体中央部が曲がっているか、シルの作業中、車体の支え方が悪かったかのどちらかだ。ドアがきちんと閉まらない場合も注意。「ドアキャッチ、要調整」の一行でだまされてはならない。

4 スパイダーではトランクとスペアホイール収納部を覆うカーペットをはぐり、フロアパンとリアホイールアーチのつなぎ目に錆がないか。リアホイールアーチ周辺はスプリントも錆びやすい。

5 スパイダーではフットウェルとリアフロアも錆びやすい。以下、スプリントと共通の弱点として、薄いダブルスキン構造のホイールアーチ、前後フェンダーの底、ヘッドライト周辺。磁石を活用しよう。パテ盛りしている部分に磁石はつかない。

6 スプリント、スパイダーともにトランクの後ろ隅はひどく錆びやすく、特にバッテリーのある右側は注意。トランクとホイールアーチ後方のつなぎ目は穴があきやすい。

7 両モデルともトランクとボンネットはダブルスキン構造。つまりインナースキン外辺部に錆が出やすい。

8 スプリントの盾形グリルは路面の泥からスカットルとAポストを守る機能がある。しかし実際には泥はグリルを通り抜けて、フロントフェンダーの底が錆びる。本来保護の役目を果たすべき盾形グリル自体が錆びることもある。

9 スプリント／スパイダーのフロントパネルは事故によるダメージに弱い。くぼみやパテ盛りを見つけても驚いてはならない。

10 オリジナル・バンパーの交換パーツはまず見つからないし、再メッキするのにぎりぎり合格というレベルの中古品でも高価だ。スパイダー用の複製品が流通しているが、品質はお粗末。だからレースに使っていたという名目でバンパーのない個体には用心しよう。リアバンパーは路面の泥を拾って、裏側から腐食するので併せて注意。ドアハンドル表面はあばた状になりやすいが、腕のいいメッキ工なら再生可能だ。交換パーツも手に入る。ただし高価。

11 スプリントの内装材はビニールと布。旧いアルファ用の内装材を扱っているスペシャリストがあり、オリジナルと同じ素材が手にはいるので、内装がくたびれていても欠品がなければ気を揉むには当たらない。

12 ツインチョークのウェバーを2基備えるヴェローチェでは、キャブレター調整がきちんとされていない場合が多く、本来のドライバビリティが発揮されていない。街中ばかり走っているとプラグにカーボンが溜まりやすい。

13 以下に列挙するモデルはフロントが3リーディングシューのドラムブレーキだ。エンジニアリング的には逸品だが、オーバーホールは安くない。
すべてのジュリエッタSS。
ジュリエッタSZの最初の170台。
ジュリアSSの最初の200台。
ジュリア・スプリントの最初の7000台。
ジュリア・スパイダーの最初の5600台。

14 ボディスタイルに関係なく、ジュリア系全般に言えることとして、後期モデルに行くほどメカニズムも進歩している。他の部分が同一だとして、750シリーズと101シリーズとで選択に迷ったら、101を選ぶのがロジカルだ。しかし他の部分がすべて同一というわけにはいかない。101シリーズのスパイダーはホイールベースが長く、一部アルフィスタによれば、それまでのモデルほどのすばらしさがなく、売値も安い。

ALFA ROMEO Always With Passion

2000 & 2600
Berlinas, Coupé & Spiders
2000 と 2600 ベルリーナ、クーペ、スパイダー

戦後の新しいモータリングに向けて、アルファ・ロメオが採った戦略は見事に成功した。1900を皮切りに、ジュリエッタ、ジュリアとヒット作を連発、比較的小排気量のスポーティなモデルを、一般の人々が少し背伸びをすれば手の届く価格で提供して、中規模自動車メーカーに成長していった。一方、やや値は張るが、大きめのラグシュリーカーを求める顧客層も存在することをアルファは知っており、こうした需要に応えるモデルを少量生産した。

1958年、技術陣は1900用エンジンの最終型をベースに排気量を1975ccに拡大、1900スーパーに搭載する。ニューモデルのアルファ・ロメオ2000に採用されたのはこのエンジンの強化版で、圧縮比を8.25に高め、ツインチョークキャブレター1基で105bhpを発揮した。これを1900よりホイールベースもトレッドも大きなシャシーに搭載して、スクエアな大型6人乗りボディを被せた。なおサスペンション型式は同時代のアルファと同じだ。

1958年に登場した2000のベルリーナは直線を基調としたデザイン。このころのランチアはアルファ・ロメオのよきライバルで、1957年に2.5ℓのベルリーナ、フラミニアを発表した。(Alfa Romeo archives)

5. 2000 & 2600 SALOONS, COUPÉ & SPIDERS

2000は1900より200kgも重かったが、5段ギアボックスを介して（ただし扱いにくいコラムシフト）、掛け値なしに160km/hのトップスピードを出した。

6人が移動できる
快適な高速ツアラー

アルファがこのモデルで目指したのは、6人の乗員を快適に運べる高速ツアラーだった。これといって特徴のないスタイルだが、明るく広いガラス面積が確保された。とはいえ、価格がほぼ同じ性能のジュリエッタTIの60%増しでは広くアピールするはずもなく、購入したのはもっぱら習慣的に大人数を乗せるオーナードライバーだった。従って販売台数は少なく、3年の生産期間中2799台が作られたに留まる。

しかし同時に発表になったもうひとつのモデル、2000スパイダーは健闘した。8.5の圧縮比と2基のツインチョークキャブレターでチューンしたエンジンは115bhpを発揮、これを前後トレッドはそのままに、ホイールベースを短くしたシャシーに搭載した。5段ギアボックスはフロアシフトで、室内空間をたっぷりとったオープンボディには＋2シートが備わる。

2000スパイダーはジュリエッタ・スパイダーに一脈通じる、アルファ一族共通の特徴を備えていたが、トゥリングによるデザインはいささか間延びしており、1300／1600のスパイダーのようなインパクトに欠けるというのが大方の見方だった。1180kgの車重はベルリーナよりかなり軽かったものの、大型で人目を惹くボディに175km/hの最高速では、やや期待はずれだった。

スパイダーの価格はベルリーナとほとんど変わらず、サイズは大柄だが少なくともスポーティな雰囲気はあった。生産量にもそれは反映され、3年間に3443台がアルファ愛好家のもとに収ま

2000 Berlina
1958-1961

エンジン：	4気筒 DOHC
ボア・ストローク	84.5 x 88mm
排気量	1975cc
出力	108bhp
トランスミッション：	5段 MT
終減速比：	4.777:1
ボディ形式：	4ドア・セダン
性能：	
最高速度	160km/h
全長	4715mm
全幅	1700mm
全高：	1505mm
ホイールベース：	2720mm

2000 Spider
1958-61

下記を除き2000ベルリーナを参照：

出力	112bhp
最高速度	171km/h
0-60mph (97km/h)	14.2秒
ボディ形式：	2+2座ロードスター
全長	4500mm
全幅	1665mm
全高：	1380mm
ホイールベース：	2500mm

2000 Sprint
1960-1962

下記を除き2000スパイダーを参照：

ボディ形式：	2+2クーペ
全長	4550mm
ホイールベース：	2580mm

2600 Berlina
1962-68

下記を除き2000ベルリーナを参照：

エンジン：	6気筒 DOHC
ボア・ストローク	83 x 79.6mm
排気量	2,584cc
出力	132bhp
トランスミッション：	5段 MT
終減速比：	5.125:1
性能：	
最高速度	173km/h

2600 Spider
1962-65

下記を除き2600ベルリーナを参照：

出力	145bhp
最高速度	197km/h
0-60mph (97km/h)	11.1秒
ボディ形式：	2+2座ロードスター
全長	4500mm
全幅	1690mm
全高：	1380mm
ホイールベース：	2500mm

2600 Sprint
1962-66

下記を除き2600スパイダーを参照：

ボディ形式：	2+2座クーペ
全長	4580mm
ホイールベース：	2580mm

生産台数：

2000ベルリーナ	2,799
2000スパイダー	3,443
2000スプリント	700
2600ベルリーナ	2,092
2600スパイダー	2,255
2600スプリント	6,999
2600スプリント・ザガート	105

ALFA ROMEO Always With Passion

2000スプリントは見た目に美しく、広々した室内の大型スポーツカーだが、2ℓエンジンではややアンダーパワーだった。(LAT)

スパイダーのビジネスライクなダッシュボード。(LAT)

プロポーションに優れ、伝統の盾形グリルとデュアルヘッドライトがアクセントになっていた。エンジンは2000スパイダーと共用だったので、加速も最高速も同じ。ただしベルリーナの20％増しと、3モデルのなかではもっとも高価だった。4人がそこそこ快適に乗れる美しい大型クーペは、2年間に700台が作られたに過ぎない。

ジュリアがジュリエッタに取って代わった1962年、似たような変更が2000シリーズにもあった。しかしこちらは、既存のエンジンの寸法を少し変えて載せ替えるといったレベルではなく、根本に関わる変更だった。戦争を挟んでしばらく途絶えていた6気筒エンジンがアルファの生産モデルに復活したのである。といっても完全な新設計ではなく、2000の4気筒をベースにした巧みなエンジニアリングの産物だった。

アルファのエンジニアはボアを84.5から83mmへとほんの少し縮め、ストロークの方は88から79.6mmへぐんと短縮して、時流に乗ったオーバースクエアのボア・ストローク比を実現、そこに

る。そのころには2000のラインナップに第3のモデルが加わった。

2000スプリントは、ベルトーネが後に発表する有名なジュリア・スプリントを一回り大きくしたクルマだ。エレガントなラインで構成される大柄なボディは

5. 2000 & 2600 SALOONS, COUPÉ & SPIDERS

2000 は 2600 に進化して前後のデザインに手直しを受けた。ボンネットの下にはアルファ・ロメオ・ツインカムの定石を踏まえた、スムーズにしてパワフルな大型 6 気筒エンジンが収まる。(Alfa Romeo archives)

2600 シリーズのパワーの源となったビッグ・シックスは、スパイダーのエンジンベイにも余裕をもって収まっている。(LAT)

シリンダーを 2 個追加して 2584cc の排気量を得た。もとになった 1975cc エンジンは 1900 と同じ鋳鉄ブロックだったが、新型エンジンはジュリエッタやジュリアと同じ鋳造アルミ製だ。このエンジンもやはりアルファの血統を正しく引き継いでおり、燃焼室は半円球形、その頂部にプラグが一列に並んだ。バルブの挟み角は 90 度（ちなみに 1900 では 80 度だった）、DOHC はチェーンが駆動した。

新しい 2600 のベルリーナ用エンジンは、圧縮比 8.5、ツインチョークキャブレター 1 基で 130bhp を発揮した。最初の 1 年はフロントがディスク、リアがドラムだったが、その後サーボアシストつきの全輪ディスクに改まる。車重は 40kg 増えたものの、パワーはこれを補って余りあり、最高速は 2000 を大きく上回る 175km/h に伸びて、2000 スプリントおよびスパイダーと肩を並べた。

しかし 6 人乗りに固執したため、1965 年モデルイヤーまでフロントはベンチシートのまま、ギアチェンジは最後までコラムシフトを通した。コラムではアルファの素晴らしいギアボックスの魅力を

69

ALFA ROMEO Always With Passion

2000 から進化した 2600 スパイダー。三角窓が備わり、フロントの横長グリルのデザインが改まった。(Alfa Romeo archives)

右：2000 スプリントは当時ベルトーネに在籍したジョルジョ・ジウジアーロの作品。アルファの生産モデルとしては初めてデュアルヘッドライトを採用した。2600 スプリントではボンネットにエアスクープを備える。(Alfa Romeo archives)

100％引き出すことはできなかった。コラムシフトの組み合わせは、当時アメリカ車の影響がいかに強かったか物語る。

新型スプリントとスパイダーもパワーが向上した。6気筒エンジンはツインチョークキャブレターを3基備え、9.0の圧縮比と相まって145bhp／5900rpmを生んだ。ベルリーナより60kgも軽かったので、200km/hの最高速を始めとして、ようやくその名にふさわしい活発なパフォーマンスを身につけた。併せてデザイン上ディテールの変更があったので以下に列挙する。ベルリーナのボンネットラインの位置が高くなると同時に形状が平面的になり、オリジナルのヘッドライトの斜め下にもう1組のヘッドライトが追加になった。スパイダーに開閉可能な三角窓がつき、ボディサイド下側に走るクロームストリップが2本から1本になった。2600スプリントではボンネット上にエアスクープが備わり、2000に代わり"2600"のエンブレムが両サイドとトランクについた。2600スプリントは戦前のアルファ・ロメオを思い出させるモデルで、スピード、キャラクター、快適性が、優れたデザインと一体になっている。自動車の歴史書のなかでアルファが名誉の座に置かれる理由は、まさに機能とデザインが融合しているからだ。

スパイダーはスペックも動力性能もスプリントと同じで、両モデルとも生産開始当初のブレーキは前：ディスク、後：ドラムだったが、まもなくベルリーナと同じサーボアシストつき全輪ディスクに改まる。また両モデルともジュリエッタ系、ジュリア系アルファより室内がずっとゆったりとしており、スポーティなキャラクターでは小型アルファに一歩譲るが、洗練された独自の趣を備えていた。

アルファの例に漏れず、様々なカロッツェリアが2600のシャシー上で腕を振るった。1965年登場の2600ベルリーナ・デラックスはジョヴァンニ・ミケロッティの作品で、たおやかな線と面で構成された6ライトのベルリーナだ。製作はOSIが担当し、2年間で54台が作られた。一方、アルファとの関係を常に大切にしたザガートは、ショートホイールベースのスパイダー用シャシーをベースに美しいクーペを構築。エルコーレ・スパーダによるこのクーペは1963年のトリノ・ショーに出展されたのち、SZとして市販された。ベルリーナの47％増しと高価だったにもかかわらず、105人の幸福なオーナーのもとに収まった。

1962年後半に始まった2600ベルリーナの生産は6年続き、2092台が作られた。スプリントとスパイダーの生産期間は3年で、前者が6999台、後者は2255台が作られ、SZを含めた2600シリーズの総計は1万1451台に

5. 2000 & 2600 SALOONS, COUPÉ & SPIDERS

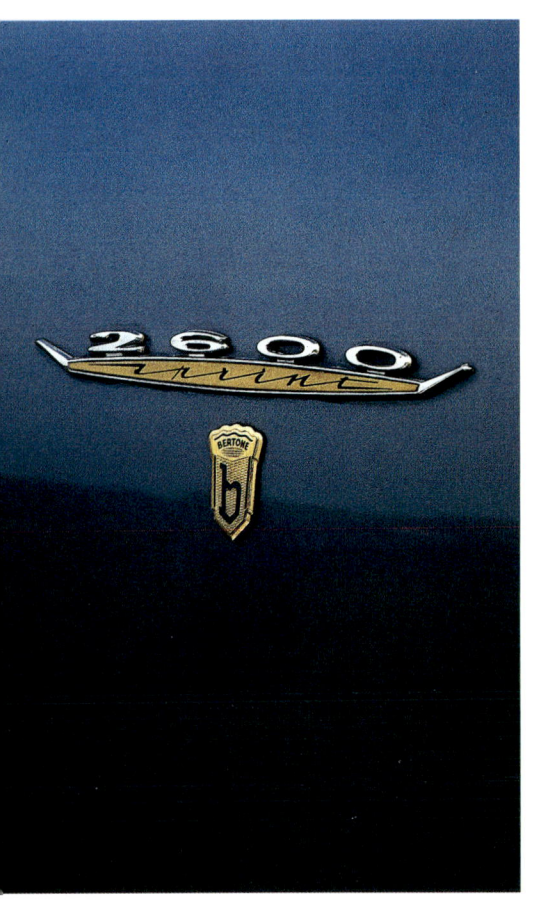

2600スプリントとベルトーネのエンブレム。(LAT)

ラジオとクラシックカーラリー用の計測器を備える2600スプリントのコックピット。(LAT)

達した。なお2000シリーズの総生産台数は6942台だった。

スパイダーのうち103台がRHDで、その大半が英国市場向けだった。スプリントは597台、ベルリーナは、実に425台のRHDが作られた。大型アルファが占める率は同社全体から見ればごく小さかったにせよ、イギリスの顧客の前にすべてのモデルが勢揃いしたわけだ。

2000であれ2600であれ、ベルリーナを見つけるのは楽ではない。いずれにしてもアルフィスタはスプリントかスパイダーを追う傾向にあり、それなら見つかる可能性は充分ある。さて、彼らは発見したクルマに満足するだろうか。もしジュリエッタ流の繊細さを期待したなら、答えは「ノー」だ。一方、スポーティなキャラクターは追求しないが、高度なエンジニアリングが好きな向きは、ほかとちょっと違う魅力を備えたクルマを手に入れて満足するに違いない。

2000のエンジンは洗練されており、タービンのように滑らかに回る。しかしボディ型式を問わず、2000の車重はこのエンジンには荷が重く、動力性能はおとなしい。ステアリングはローギアードだし、シャシーのセットアップも活発な走り向けではない。スプリント、スパイダーともに走りはゆったりとして、ジュリエッタ/ジュリアの引き締まった、機敏なキャラクターとは大いに異なる。

2600に乗り換える。フロント荷重が増えた分、アンダーステアとロールは予想以上に強く、ステアリングはさらに反応が鈍い。ロックからロックまで4回転もするのだから、これは単に感覚の問題ではない。しかしアルファの"伝統"であるステアリングギアの遊びは、このクルマでは感じられない。スプリング負荷のかかったギアチェンジはスムーズ。全輪ディスブレーキは過大な踏力を要することなく、見事な制動力を発揮する。

スプリント/スパイダー用のトリプル・ソレックス・エンジンは6気筒ならではのパンチがあり、踏めば間髪を入れずに高回転まで伸びる。ツインカムは伊達ではない。ベルリーナ用2582ccシックスのチューンは穏やかだが、性能に不満はない。スプリント/スパイダー用エンジンと比べるから見劣りするのであって、130bhp（ネット値）はこの時代としては立派な数字だ。

結局、この"シックス"はアルファが期待した通りの働きはできずじまいに終わる。このエンジンに込めたアルファの

5. 2000 & 2600 SALOONS, COUPÉ & SPIDERS

OSIがボディを製作した2600ベルリーナ・デラックス。全部で54台が作られた。(Alfa Romeo archives)

意図は、大型車セグメントに足がかりを築き、ライバルと肩を並べるモデルを送り出すことにあったのだが、それには開発、製造ともに資金がかかりすぎた。アルファには既存の小型モデルに大型エンジンを搭載し、贅沢なスペックに仕上げるという選択肢もあったわけで、こちらの方が資金も要さず、賢明な解決策になった。事実、1967～68年の変わり目にかけて、排気量が大きく、パワフルな1750シリーズがジュリアのラインナップに加わる。これが合図となったかのように、6気筒モデルはカタログから落ちていった。スパイダーはすでに1965年にフェイズアウトしていたし、スプリントも翌年には姿を消す。ベルリーナは1968年まで生きたが、そのころには再び4気筒がアルファの将来を握っていた。

バイヤーズ・ガイド

1 2000と2600はよほどの覚悟がないと探し出すのは難しい。ベルリーナ、スプリント、スパイダーともに個体数がきわめて少ない。

2 1900のエンジンで述べたことは、2000に搭載される発展型にもそのまま当てはまる。2600エンジンはヘッドガスケットのトラブルを起こしやすい点を別とすれば、特別な弱点はない。ただし6気筒なだけにリビルドには4気筒より費用がかかる。ピストンとライナーの組み付けひとつ取っても、工賃はジュリアの2倍以上という具合。

3 ボディは強靭だが錆に弱い。ホイールアーチ（特にダブルスキン構造のフロント）、ノーズのスカート部、サイドシル、フロアに注意。

4 2600スプリント、スパイダー、SZにはソレックスのツインチョーク・キャブレターが3連装されるが、完璧に調律するのは易しい仕事ではなく、大抵の個体は本来のドライバビリティが出ていない。トリプル・ウェバーに換装したクルマもあり、こちらは動力性能が一枚上手だ。

ザガートは1964～66年にかけて2600SZを105台製作した。ジュリエッタ／ジュリア系のSZとは異なり、2600SZはレースを前提としない純粋なグランドツアラーだ。(LAT)

ALFA ROMEO Always With Passion

The Duetto &
1750 & 2000 Spiders
デュエットと1750、2000スパイダー

オリジナルの（そして多くの人にとってベストの）デュエット。ダスティン・ホフマンを気取ったモデルが横に立っているのは、このクルマが1967年公開のアメリカ映画『卒業』で重要な役を果たしたから。写真はラウンド・テールの1.6ℓ版。発表後しばらく、ボディカラーはレッドとホワイトに限られていたが、後に選択肢が広がった。このころのアルファ・ロメオはやはりレッドが魅力的に映る。(LAT)

1955年に生まれたジュリエッタ・スパイダーは62年にジュリアに生まれ変わり、64年にはスパイダー・ヴェローチェが加わった。その間、エンジンが大きくなりパワーが増し、フロントブレーキがディスクに変わるなど中身は充実していったが、ピニンファリーナによる、時間を超越した美しいスタイルは1965年まで基本的に変わらず、10年の長寿を保った。

翌1966年、スプリントGTヴェローチェの導入と時を同じくして新型スパイダーが登場する。これはバティスタ・ピニンファリーナ自身がペンを取った最

6. THE DUETTO & 1750 & 2000 SPIDERS

デュエットの車内。2個の主メーターはドライバーの正面に位置するプラスチック製のナセルに収まり、補助メーターはドライバーの方に角度がついている。ダッシュはボディと同じ色にペイントされ、フロアはゴムマット敷きだ。(LAT)

後の作品だった。このとき73歳だったバティスタはどこからインスピレーションを得てスパイダーを描いたのだろう。1962年のジュネーヴ・ショーに彼自身が展示した、ジュリエッタSSクーペ・スペチアーレ・アエロディナミコにデザインの源があるのは間違いなさそうだ。このショーカーのボディサイドにも新型スパイダーと同じ"えぐり"が入っているからだ。あるいは60年のジュリエッタSSに対するピニンファリーナからの回答だとする説や、遠く1952年のディスコ・ヴォランテが原型だと唱える歴史家もいる。

1600スパイダーはジュリエッタ・ベースだった先代モデルとはまったく別の完全な新設計だ。GTV、GTA、ジュリア・スーパーと同じく、ジュリアの105シリーズ・シャシーをベースにしており、ジュリアTZからワイドトレッドの頑丈なフロントサスペンションと全輪ディスクブレーキを始め、多くのコンポーネントを受け継いだ。ホイールベースはジュリア・スパイダーと同じだが、前後オーバーハングが長い分、全長は約30cm長い。

長く後方に引きずったラウンド形状のテールは議論を呼んだ。イタリア人は"オッソ・ディ・セッピア(イカの甲)"と呼んだ。基本フォルムはクリーンでバランスが取れているのだが、デビュー当時は新味を狙っただけのディテール処理が鼻につくという意見が多かった。そのデザインも時の経過とともに目に馴染んでいったようで、1966年にデュエットを初めて見た『ロード&トラック』のスタッフは、「スタイリング上意味のないギミックを駆使したわざとらしいデザイン」とこき下ろしたが、21年後、同じデザインを『サラブレッド&クラシックカー』は「ピュアでシンプル。ライバルを寄せつけないエレガンス」と評している。

一方、時代の進歩に合わない部分も

1600 Spider Duetto
1966-1967

エンジン:	4気筒 DOHC
ボア・ストローク	78 x 82mm
排気量	1570cc
出力	110bhp
(ヴェローチェ	112bhp)
最高速度	182km/h
0-60mph (97km/h)	11.3秒
全長:	4250mm
全幅:	1630mm
全高:	1290mm

1750 Spider Veloce
Kamm tail

下記を除き1600スパイダー・デュエットを参照:

エンジン:	
排気量	1779cc
出力	114bhp
性能:	
最高速度	188km/h
0-60mph (97km/h)	9.2秒
全長:	4120mm

2000 Spider
1991

下記を除き1600スパイダー・デュエットを参照:

エンジン:	
排気量	1962cc
出力	117bhp / 5800rpm
性能:	
最高速度	192km/h
0-60mph (97km/h)	9.8秒

(Autocar誌のテスト値。アメリカでのテスト値は低めの傾向あり)

生産台数:

1300スパイダー・ジュニア	7,237
1600スパイダー	13,465
1600スパイダー・デュエット	6,325
1750スパイダー	8,722
2000スパイダー	88,240

ALFA ROMEO Always With Passion

あった。プラスチック製ヘッドライトカバーはその一例で、アメリカ市場では法規上許されなかったばかりか、これを被せると明らかに光量が減ってしまった。室内は機能的にレイアウトされている。身体を包み込む快適なバケットシートは低い位置にあり、乗員は前方に脚を投げ出した姿勢で座る。大径のスピードメーターとレブカウンターがドライバー正面のプラスチック製パネルに収まり、燃料形、水温計、油圧計がボディと同色に塗装されたダッシュボード中央に、ドライバーに向くよう角度をつけられて位置する。

ギアボックスは5段。すっきりしたシフトレバーは、中央の3－4速ゲートに向けて軽くスプリング負荷がかかっており、レバーが自然にニュートラルポジションに戻るのに任せるコツを掴んでしまえば、素早いシフトが可能だ。初期型1600スパイダーの車内は簡素で、内装にウッドが使われていない。いたるところにボディカラーで塗装された金属面が露出し、フロアマットはゴム製（アルファのロゴが入っているのがせめてもの救いか）だった。完全な2人乗りで、シート背後にも事実上荷物を置ける空間はない。その代わり、テールが伸びた分、天地方向には薄いものの床面積の広いトランクが確保できた。ダッシュの下にはチョークとハンドスロットルのレバーが並ぶ。ただし2基のツインチョーク・ウェバーには加速ポンプが備わるので、イグニッションキーを捻る前に

ボディデザインの変更はまずテールから始まった。丸みを帯びたテールエンドはスパッと切り落とされ、コーダ・トロンカ形状に改まる。ここに見るのは1977年の2000スパイダーだが、コーダ・トロンカになったのは1750スパイダーからだった。(LAT)

76

6. THE DUETTO & 1750 & 2000 SPIDERS

2000スパイダーに代替わりしたのを機に、ディテールの手直しも受けた。埋め込み式ドアハンドルもその一例。(LAT)

スロットルペダルを2度ほど床までパタパタと煽れば、寒冷時でもまず間違いなく一発で始動する。チョークはほぼ必要なくなった。ステアリングコラムから伸びるレバーはライトと方向指示器用。フロアのスイッチは一見ライトのディップ用のようだが、このころのアルファの特徴で、これを踏むとウィンドウォッシャー液が噴出すると同時に、2回ワイパーが作動する。

　幌の上げ下ろしは簡単そのもの。上げるには前端部中央の取っ手をしっかり掴んで、ウィンドスクリーンのレールまで引き上げ、クローム仕上げのクリップ2個でパチリと所定の位置にはめるだけだ。慣れれば運転席に座ったままでも可能で、渋滞の最中に雨に降られた際など便利この上ない。最後に、巻き上げウィンドーの後ろ隅に2本のマジックテープで固定して作業は完了。最後の作業を省いても、幌が風をはら

安全基準が厳しくなるのに伴い、フロントエンドも変化していった。新旧の違いがよくわかるショット。(LAT)

一般公募で決まったスパイダーの名前

新型スパイダー1600が発表になったとき、唯一欠けていたのがモデル名だった。公式名称では先代モデルと区別ができなかったのだ。アルファは成功間違いなしの新デザインを世に送りだそうとしているのに、これは不可解なことだった。新型のモデル名はアルファ・ロメオ・スパイダー1600。一方、従来モデルはアルファ・ロメオ1600ジュリア・スパイダーと1600スパイダー・ヴェローチェ。この新旧2モデルはシャシーやボディを始めとして、あらゆる部分が異なる、まったく別のクルマだ。しかしこんな似通った名前では、顧客、オーナー、ディーラー、メカニック、パーツサプライヤーのあいだで混乱が生ずるのは目に見えている。唯一の対策は、はっきり新型とわかる車名をつけることだった。

発表から数か月後、アルファは車名を一般公募する。ウィナーの賞品はアルファの新車。これは大きな反響を巻き起こし、2か月の公募期間中に14万通の応募がアルファ本社に届いた。大半はイタリア国内からだったが、南アフリカやアジアなど、海外からの応募も全体の10％以上を占めた。

提案の多彩なことは驚くばかり。パンサー、ウルフ、レパード（あるいはそれに相当するイタリア語）などスピードとパワーをイメージしたもの。ソール（シタビラメ）、ピラニアなどスパイダーのスタイルからヒントを得たもの。パトリチア、ルチアなどジュリエッタ／ジュリアの延長線にあるもの。どれも平凡で当たり障りがない。一方、突飛な提案もあった。アカプルコ、コスタ・スメラルダなど地名にちなんだもの。ヌヴォラーリ（ドライバー）、ロロブリジーダ（イタリアの女優）、ザトペック（陸上選手）、ブリジット・バルドーなど著名人にちなんだもの。ジン、サーフ、ストリップ、ゴールなど単音節のもの。ミケランジェロ、シェイクスピアなど芸術家にちなんだもの。果てはピザ、エーデルワイス、アル・カポネ、スターリン、ヒトラーなど正直、妙な提案も寄せられた。結局、アルファは無難な選択を採り、応募者のグイドバルディ・トリオンフィという人物がファクトリーに招かれ、新車のキーを授与された。彼が提案した車名、それが"デュエット"である。

んで膨らむことはない。

降ろすのにも苦労はない。例のクローム・クリップを外し、スクリーンレールから幌を持ち上げ、後ろへ押し戻す。すると全体がもとの状態へと自然に折りたたまれていく。上にカバーをかければ作業完了、見た目にもすっきり収まる。この時代には幌全体を取り外し、フレームを折りたたんでトランクに順序よく収納することを要するオープンカーもあっただけに、スパイダーの幌は上げ下ろしがあっけないほど楽だ。

「行いが立派な人は、見た目も美しい」という言葉がある。スパイダーをテストしたジャーナリストが一様に思い浮かべたのがこの格言だった。『ロード＆トラック』はスタイルに関する最初の辛辣なコメントを、あとの部分で次のように和らげている。「私たちテストチームは外観を覚めた目で迎えたのだが、走りには全員が熱狂し、ぞっこん惚れ込んだ。どの部分も応答性が素晴らしいのに感心するばかり。各コントロールを通して感じられるレスポンスはきわめて明瞭、自分の手足がクルマの一部になったようだ」

一方、先代譲りの問題として、スパイダーの路面追従性には一定の限界があった。ジュリエッタ・スパイダーがジュリアになったときも、エンジンが大きくなってノーズヘビーの傾向が強まり、前輪は車重の54％を支えていた。1600スパイダーではフロントのオーバーハングが伸びたため、前輪荷重は56％に増えている。ただし実際これが問題になるのは、ぬかるみや凍結した路面でトラクションが不足気味になることくらいで、通常の路面を走る限り前輪荷重の重さを感じることはまずないだろう。

もうひとつ欠点を挙げておこう。これまた先代モデルからの不具合なのだが、どうにも長身ドライバーには快適なドライビングポジションが取れないのだ。スパイダーは平均的なイタリア人ドライバーの身長をもとに設計されたと思われるが、問題なのは腕と脚の長さの比率である。長身のドライバーは頭が幌に触れ、ウィンドスクリーンの上辺が視界に入る。また身長に関係なく、シートをペダルに合わせるとステアリングホイールが遠くなりすぎる。「アルファのチーフエンジニアは、前に屈まなくてもつま先に指が届くに違いない」と『ロード＆トラック』は手厳しいが、これは的を射た指摘だった。

もちろん進歩した部分もある。ジュリ

6. THE DUETTO & 1750 & 2000 SPIDERS

エッタ／ジュリア・スパイダーで顕著だったロールが影を潜めたとテストは伝えている。エンジンのチューンはキャブレターも含めてGTVと同じなので最高速は180km/hに達し、加速も鋭かった。『モーター』は初めてテストしたスパイダーを、「パフォーマンスは良好、ロードホールディング、ハンドリングともに秀逸」と簡潔に言い表した。これだけの賛辞を前にしては、スパイダーがイギリスではEタイプ・ジャガーやロータス・エランと同じ価格帯に属することもさほど重要とは思えなくなる。半面、アルファがこの英国製スポーツカーの傑作2台を相手にアウェイゲームを戦うには、ジャーナリズムからあらゆるバックアップを必要としていたことも事実である。

名画出演によって記憶に刻まれたデュエット

さいわいにもセールスは好調で、1年余りの生産期間中6325台が売れた。先代モデルの記録を上回る数字に、アルファの経営陣は勇気づけられる。そのころには先代モデルと紛らわしかったネーミングを改め、1600スパイダーは新たにデュエットと名づけられた。デュエットは先代以上に広く受け入れられ、アルファも販路拡大のためにあらゆる苦労を惜しまなかった。1966年5月、定期船ラファエロに積まれた3台が大西洋を越え、ニューヨーク・ショーに展示された。さらに2本の映画に登場して、デュエットは広く世間に知られるようになる。ジェームズ・ボンドで有名になる前のロジャー・ムーアが『大逆転』でRHDを操縦した。それよりはるかに人々の記憶に残っているのが『卒業』だろう。ダスティン・ホフマン演じる主人公ベンジャミン・ブラドックの愛車が赤のLHDスパイダーだった。

アルファのレース部門アウトデルタは、デュエットのレース版作成の作業に取りかかった。目指すはグループ3ツーリングカー・クラスだ。160bhp／7500rpmと215km/hを誇るこのレース仕様は1968年2月のトリノ・スポーツカー・ショーに展示される。このころベースとなったデュエットは、一層パワフルな次のモデルに席を譲ろうとしていた。

アルファはジュリアのエンジンのボアとストロークを拡大、排気量を1570ccから1779ccにして新型モデルに搭載した。ここでマーケティング部門はいかにもアルファらしいロマンチックなネーミングを考え出す。1920年代終盤から30年代序盤にかけて活躍した不滅の名車に結びつけ、新型モデルを1750と名づけたのだ。今回は段取りよくことを運び、1968年にベルリーナ、スプリントGT、スパイダーの3モデルが揃って発表になった。

デュエットの名前を継がなかった理由がふたつある。第一に、1750シリーズは従来モデルの発展版ではなく、今後のアルファにとって重要な、まったく

スパイダーは年を追う毎にディテール処理が煩雑になっていき、オリジナルのピュアなラインが損なわれていった。前後にぶら下がる重いバンパーや、テールに付け加わったスポイラーはその一例である。一方、上げ下ろしの楽な、優れもののソフトップはスパイダーの変わらぬ美点。(LAT)

室内もパッドで裏打ちされた内装材で仕上げられ、ますます豪華になっていく。(LAT)

新しいモデルレンジであること。アルファは現行モデルと過去のモデルとをはっきり区分けできないネーミングで混乱を招いたが、今度は同じ轍を踏むつもりは毛頭なかった。第二に、そもそも1750の名前を復活させたのはニューモデルと、過去の栄光ある2シーター・オープンモデルとのあいだに繋がりを持たせたかったから。とりわけスパイダーは6C 1750とボディ型式がもっとも近い。だからアルファは新型スパイダーをぜひとも1750の名前でデビューさせたかったのだ。なお正式名称は1750スパイダー・ヴェローチェという。スタンダード版スパイダーがあったわけではないのだが、あえてヴェローチェのサブネームを付けたあたりに、アルファの思い入れの強さを感じる。

機構面の変更部分を見ていこう。ブレーキにサーボアシストが備わり、オルタネーターがダイナモに取って代わり、シリンダーブロックが頑丈になった。ホイールが小径になり、リム幅が広がり、ジュリエッタ／ジュリアで155／15だったタイアサイズが165／14になった。フロントサスペンションのジオメトリーが手直しを受けてロールセンターが上がり、わずかながらソフトなスプリングを使用できるようになった。伝統のリジッドアクスルを吊るリアサスペンションの横置きリンクがコスト削減のため変更になり、リアにスタビライザーが追加になった。

1750は1968年のブリュッセル・ショーでデビューした。しかし予定していた北米の販売は思わぬ問題にぶつかる。アメリカの排ガス基準はヨーロッパよりずっと厳しく、アルファのようなスペシャリスト・メーカーに重い負担となってのしかかった。アメリカ市場専用モ

6. THE DUETTO & 1750 & 2000 SPIDERS

デルだけでなく、同じアメリカでも他州とは別の規制を敷くカリフォルニア向けに第3のモデルを作らざるを得なかったのだ。

北米モデルでもっとも大きな変更点は、伝統的なツインチョーク・ウェバー2基に代わって、機械式燃料噴射が採用になったこと。アルファの子会社スピカが作るメータリング・ポンプが使われており、本来トラック・エンジン用のメカニズムを1750エンジンの要求に沿って再設計したものだった。コッグド・ベルトによりエンジンのクランクシャフトから動力を取り、エンジンスピードの半分の回転でポンプを回す。ポンプの内部構造はちょうどガソリンエンジンの逆で、超小型のクランクシャフトが小さなコンロッドを介して可変吐出量のプランジャー（エンジンのシリンダー毎に1個ずつ備わる）を動かした。

ガソリンは通常の電動ポンプが送る。プランジャーの吐出量はスロットル開度に比例して変化し、各々のシリンダーに噴射するガソリンの量と正確なタイミングが決まる。さらに寒冷時の気温とエンジンの温度を考慮に入れる機能も備わっていた。

北米仕様のスパイダーには、小さな盾形グリルを横切る醜悪な黒い大型バンパーが備わった。なお最終減速比はヨーロッパ仕様が4.10なのに対し、北米向けはデュエットと同じ4.56だ。

話をヨーロッパ仕様に戻すと、1750スパイダー・ヴェローチェの排気量はデ

生産期間を通じて様々なモデルが作られたスパイダーだが、それぞれに実用性の高い（ただし高価な）ハードトップがオプションで用意された。しかし現存するなかでこれを装着する個体はごく珍しい。写真は1986年のオプション。
(Alfa Romeo archives)

ALFA ROMEO Always With Passion

ュエットより実質的に大きくなったが、動力性能は大幅に向上したわけではない。最大出力は122bhp／5500rpmだが、新型エンジンで注目すべきは30％も上乗せされたピークトルク値にあり、一層柔軟で、スロットルレスポンスが鋭くなった。事実、最高速は190km/hとデュエットの10km/h増しだったのに対し、0－60mph（約100km/h）加速は11.2から9.2秒に短縮された。

1750の外観はデュエットと事実上同じだが、一回り小径の幅広タイアのおかげで、ハンドリング特性は大きく変わった。リアのスタビライザーが硬すぎて、ハードコーナリングを敢行すると内側後輪がリフトアップし、パワーオンの状態ではホイールスピンが続くと指摘するテスターがいた。それとは対照的に、新しいセットアップの結果、「アルファの伝統だったアンダーステア」が軽くなったと評価するテスターもいた。悪路での乗り心地が向上したことは間違いないようで、こうした場面でもシャシーの"よじれ"やスカットルシェイクは感じられなかった。

アルファは、スタイルとパフォーマンスの両方をもう少し安く手に入れたいと思う顧客層を忘れていなかった。1750スパイダー・ヴェローチェがデュエットに取って代わるのと同時に、1290ccのジュリエッタ・エンジンを搭載した廉価版がカタログに載った。9.0の圧縮比とツインチョークのウェバー2基により103bhpと170km/hの最高速を発揮するスパイダー1300の価格は1750の3分の2強と、実に買い得なモデルで、10年の生産期間中に7237台が生産された。1300は1978年に生産

を終えるが、1972年には1600ccのスパイダー・ジュニアが登場、廉価版スパイダー・ファンを喜ばせた。1992年まで20年にわたり生産されたスパイダー・ジュニアはアルファの隠れたロングセラーだった。

1970年、1750スパイダー・ヴェローチェは大きくボディを刷新する。ラウンドテールは姿を消し、コーダ・トロンカ形状に改まった。アルファはこれでトランクスペースが広がったと謳ったが、奇妙なことに『ロード＆トラック』のテストでは"使える"スペースは10％近く減ったと主張している。細かいところでは、サイドマーカーランプがフロントホイールアーチ前から後ろに移り、ドアハンドルがボディ埋め込み式に変わった。

車内に目を転じると、仕上げが豪華になり、ヘッドレストが備わり、ステアリングホイールが深いディッシュタイプに改まった。ドライバー正面のふたつのメーターには深い"ひさし"がかかり、センターコンソールが追加され、そこにロッカースイッチとヒーターコントロールが備わり、ここからシフトレバーが生えた。

アメリカで人気を博したスパイダー・ヴェローチェ

1971年までにスパイダー・ヴェローチェの生産総数は6769台に達し、その半数近くがアメリカ向けだった。ただし燃料噴射装置の開発が遅れたため、1968年と70年の2年はアメリカ市場では販売されなかった。なおこのあいだに作られたRHDはわずか633台、すべてキャブレター仕様だ。

1971年6月、アルファ・ロメオは新しい2000スパイダー・ヴェローチェを発表する。これで1900から始まり、ジュリエッタ、ジュリア、1750に搭載されてきた4気筒ツインカムはさらに排気量が大きくなった。今回はボアを80

から84mmへ拡大して1962ccの排気量を得ている。

ボディと装備品は1750スパイダー・ヴェローチェの1970年モデルと同じ、9.0の圧縮比、2基のツインチョーク・ウェバー、アメリカ市場に限り燃料噴射となる点も変わりないが、LSDが標準装備になった。

排気量が大きくなった分最大出力も133bhp／5500rpmに向上した。各専門誌によるロードテストでは最高速、加速数値ともにこれといった進歩は認められなかったが、エンジンの柔軟性が増し、中速域のレスポンスが鋭くなったことは間違いない。

デュエットよりスタイルが魅力的になったかは意見の分かれるところだが、2000スパイダー・ヴェローチェは独自のキャラクターと優れた動力性能を兼ね備えた好ましいオープン2シーターである。同じラインナップの他のモデルよりはるかに長いライフスパンを全うしたのがその証拠だ。

しかしこれ以降、スパイダーは見た目に重く、スポーツカーらしさを失い、走りにも年齢を感じさせるようになっていく。2000になって低速域のトルクが増し、ぐんと使いやすくなった半面、オーナーは高回転まで引っ張ると回転フィールが荒くなると不満を漏らした。1570ccエンジンがフリーレビングな資質に恵まれていたのとは対照的だ。1975年、巨大な衝撃吸収バンパーがデンと据えられ、オリジナルのすっきりしたデザインと盾形グリルは影が薄くなった。1983年、その盾形グリルが黒のプラスチック製になり、テールに柔らかな素材で作られたスポイラーが追加になる。このころには車内も豪華になり、オプションで電動ウィンドーと電動ミラーが、1982年からはエアコンまで注文できるようになった。機構面では1980年から可変バルブタイミングが採用になり、吸気マニフォールドが新しく

車内は年を追う毎に豪華になっていき、それと引き替えにスポーツカーらしさを失っていった。ベルリーナとスプリントGTVにも同じことが言える。

ALFA ROMEO Always With Passion

生き続けたスパイダー

2000スパイダー・ヴェローチェと同時にラインナップされたベルリーナとクーペの生産は1977年に終了した。当初はスパイダーも一緒に退く予定だったのだが、アルフェッタ・スパイダーとなるべきモデルが、トリノ・ショーに展示されたコンセプトカーから一向に進展せずにいた。アルファには伝統的にオープン2シーターこそ本物のアルファ・ロメオと考える顧客層があり、ひたすらその需要を満たすため現役のスパイダーが1年、また1年と作り続けられた。一方、英国のアルファ・ファンにとって、先行きは暗く思えた。1978年にこれまで以上に厳しい型式認定の基準が施行され、これをパスするのに必要な設計変更を実施するにはコストがかかりすぎると判断したアルファは、RHDをカタログから落としたのだ。

英国の顧客にスパイダーが再び納車されるようになったのはようやく1980年代始めのこと。サリー州に本拠を置くアルファ・ロメオのディーラー、ベル&コーヴィルがベルギーやオランダからスパイダーを輸入し、独自にRHDにコンバートしたおかげだ。数十年前にも、当時の輸入代理店が1900とジュリエッタに同じ改造を施した経緯がある。ベル&コーヴィルが改造したころのスパイダーは、分厚いラバーバンパーとリアスポイラーのせいでオリジナルの美しいフォルムは事実上失せていたが、それでも皮膚の下の骨格は健在だった。機構面もほぼ変わりはなく、ただ2基のツインチョークキャブレターはウェバーからデロルトに変わっていた。

そんなわけでスパイダーの新車は1980年代の中盤まで英国の道路を走り続け、これを見たアルファは自分が逃していたビジネスチャンスの大きさをあらためて知ることになる。そして1991年、ファクトリー仕様のRHDが英国市場に届いた。1990年にフェイスリフトを受けたボディはトランクとリアフェンダーの形状が変わり、ボディと同色のプラスチック製バンパーが前後に備わり、サイドシルが新しくなるとともに車内の細部も変更になっていた。ただし英国仕様でもキャブレターは使えず、燃料噴射になり、伝統のエンジンには可変バルブタイミングシステムが備わった。1991年当時の価格は18550ポンド、最初のデュエットのほぼ10倍である。英国仕様スパイダーは1994年まで製造された。

スパイダーの最終型。ボディと同色のプラスチック製バンパーでそれとわかる。往年のきびきびしたレスポンスは失われた。(LAT)

6. THE DUETTO & 1750 & 2000 SPIDERS

1990年以降の最終型。これ以前のコーダ・トロンカ形状よりテールがすっきりした。オリジナル・デュエットの複雑なデザインより高く評価する声もある。(LAT)

最終型のダッシュボードと内装の一部。デュエットのレイアウトとは似ても似つかない光景がドライバーの前に広がる。(LAT)

なったために、スターターモーターと燃料噴射ポンプに手が届かなくなった。

ここまで読まれた読者はフロントにギアボックスを置くアルファ・ロメオが送ってくるメッセージを正確に受け取ったことと思う。小排気量アルファは五感に快い。大排気量アルファは融通が利き、たくましい。どちらもハンドリングとロードホールディングを高いレベルで両立させている。素晴らしく速くて正確なギアチェンジも魅力だ。

初期型スパイダーはレスポンスがナイフのように鋭い。わかりやすい挙動。飾り気のないキャビン。操りがいのある操縦性。しなやかな乗り心地。伝統のツインカム。これらが渾然一体となって、乗る者をワインディングロードに誘う。秀逸なソフトトップ（文字通り片手で立てられる）や強力なブレーキなど、スパイダーの魅力は随所に溢れている。

しかし生産期間があまりに長かった。晩年のスパイダーには、時代に取り残された部分があることは否めない。後期型は初期型と比べると軟弱で、動きにメリハリがない。心なしかスカットルシェイクも多いようだ。1960年代には集団をリードしていたスパイダーだが、90年代に入るとライバルの後塵を拝するようになった。だからスパイダーに乗るなら最後期型ではなく、最盛期のモデルを選ぶのがいい。テールがすっきりした2000は小気味よく有能で、もっともいい買い物だろう。ボディが北米の法規で煩雑になる前の、ウェバーの吸気音高らかな時代から1台を選ぶのがベストだ。

バイヤーズ・ガイド

1 デュエットとスパイダーがオープンボディゆえのダメージを被っているのは当然としても、「アルファよ、気は確かか？」と叫びたくなる常軌を逸した設計箇所がひとつある。ボンネット裏の受け皿から伸びるドレインチューブを、アルファの設計陣はサイドシルに直接繋げたのだ。ご想像の通り、ここに水抜き穴を開けたところですぐに詰まってしまう。たちまちシル内部は水で満たされ……結果は推して知るべしだ。従ってサイドシルの腐食は目を皿にしてチェックすること。また一見上手にレストアされているクルマでも、過去にお粗末なリペアをされている場合がある。ボディの骨格がしっかりしているかを判断する重要な手段として、ドアがきちんと閉じるか必ずチェックしよう。

2 フロントフェンダー後部は錆びやすい。本来保護の機能を担うはずの盾形グリルは、実は路面の泥がもっとも溜まりやすい箇所で、グリルの周囲に沿って錆が発生するのは珍しくない。

3 フットウェルに水が残っていると、フロアの前の部分が内側から腐食する。フロア後部も錆びやすい。箱形閉断面のシートマウントに湿気が入り込むと形が残らないほど腐る。水抜き穴が詰まると、スペアホイール収納用の凹部も錆びやすい。

4 特に後期型は、インナーフェンダー部分にあるフロントクロスメンバーのマウント周辺が錆びやすい。105シリーズの通弊として、ラジエターの下を通るクロスメンバーはぐさぐさに錆びる。

5 ラウンドテール・モデルは探すのに苦労するうえ、そのテールはダブルスキン構造で錆びやすい。探索の途中で失望しないよう心の準備を。

6 ノーズは事故に遭うといとも簡単に潰れる。大抵のクルマは少なくとも一度、鼻の整形手術を受けている。北米仕様車ではパテ盛りがないか調べればわかる。

7 ボンネットはよくできているが、交換となると安くない。フロントのレールは錆びやすい。

8 内装材はアメリカとイギリスの専門業者から入手可能。

9 北米から中古で輸入されたクルマのダッシュボード上面は、カリフォルニアのきつい日差しに晒されてひびが入っていることが多い。LHD用ダッシュボードトップはアメリカで手に入るが、オリジナルと比べると出来はお粗末。

10 機構面で陥りやすい軽い慢性疾患は105シリーズと同じ。1750／2000 GTV同様、柔らかめのリアスプリングはへたることがある。

11 1969～82年までの北米向けスパイダーは要注意だ。スピカ製の機械式燃料噴射が備わるのだが、こいつは年中トラブルを起こし、正しく調整するにはアーティスト並みの腕を要する。交換パーツも見つかりにくい。燃料噴射でないと気が済まないならともかく、キャブレターに戻すのは、問題を回避する賢明な策だ。作業も難しくない。後期型のボッシュ電子制御燃料噴射は信頼性が厚い。北米仕様の1750／2000ベルリーナとGTVも1969年以降スピカ製を採用しているので注意。

12 LHDからRHDにコンバートされた個体は数多い。定評あるアルファのディーラー、ベル＆コーヴィルが改造したクルマは、RHD用ステアリングボックスを用いており心配ないが、ブラケットを現場合わせで作って、LHD用ステアリングボックスを流用した個体には注意しよう。程度のいいLHD車に巡り会ったら、コンバージョンに取りかかる前によく考えること。要した費用を、自分が売るときに回収することはまずできない。いずれにしてもLHDでも大した不便などない。アメリカから入った中古車はアルファのスパイダーを楽しむ格安な方法である。

ALFA ROMEO Always With Passion

1750 & 2000
Berlinas
1750と2000 ベルリーナ

ベルトーネの巧みな手腕により、アルファのインハウス・デザインだったジュリアTIは、1750へと生まれ変わった。一回り大きく、堂々たるスタンスに見せると同時に、先代ではシャープだったエッジに丸みを持たせて現代化を果たしている。(Alfa Romeo archives)

1960年代中盤、ジュリアの後継モデルのアイデアを練り始めたアルファ・ロメオは、最優先事項をふたつ掲げた。まずは市場の競争力を維持するため、成功したモデルの後継車は一段上のパワーと性能、それに一回り広い室内が求められた。ふたつ目はジュリアのラインナップが獲得した、幅広い顧客層を引き継げる魅力的な製品群を揃えることだった。なにしろジュリアは長寿を誇った成功作ジュリエッタをも上回る、同社の歴史を通じて最大のベストセラーになったからだ。ジュリエッタは生産がピークに達した1961年に3万5711台がラインを離れたのに対し、ジュリアは最盛期の1967年に7万2763台、ジ

ジュリアの2倍以上が生産されたのだった。

67年には大きな6気筒アルファの生産も続いていた。比較のために記すなら、この年は56台、その後の2年間で30台が作られたに過ぎない。かつては同社の表看板だった"シックス"の市場競争力は、すっかり衰えてしまったわけだ。しかも既存の6気筒を手間と費用をかけてアップデートしても、商業的に成功する見込みはほとんどないことは明らかだった。その代わり、好調な4気筒モデルをグレードアップするという選択肢がある。いずれにしてもライバルと肩を並べるにはさらなるパフォーマンスが必要で、とりわけアルファのエグゼクティブは、かねてより国外で最大のライバルはBMWと見ていた。

このようにターゲットの設定は理路整然としていたが、目標を達成するのにアルファが採った方法は理解に苦しむといわざるを得ない。ライバルのBMWは、充分実績のある2ℓエンジンをコンパクトな1600のボディに搭載して、通常の開発期間と費用をかけることなしに高性能モデルを作り上げた。一方のアルファは、ジュリアのエンジンを拡大するしかなかったのは事実としても、その方法が問題だった。彼らは前進するどころか、おずおずとした足取りで一歩後退してしまったのだ。

ボアを78から80mmと取るに足らない拡大幅に留め、不足分を埋め合わせるためストロークを82から一気に88.5mmと、ボアの3倍も伸ばした。この結果、ボア・ストローク比はほぼスクエアだったジュリエッタは言うまでもなく、この面ではやや保守的だったジュリアを飛び越えて、1900さえ上回るロングストローク・エンジンになってしまった。

確かにこれで排気量は1570から1779ccに増えたが、長いストロークゆえに、エンジンスピードが高まるにつれて内部抵抗が増えて、パワーアップを阻む結果になった。しかも増えた内部抵抗に耐えられるように、アルミのシリンダーブロックを補強する必要に迫られた。カムシャフト、マニフォールド、9.0の圧縮比、2基のツインチョークキャブレターなどはジュリア・スーパーのスペックのままだ。なお北米仕様には燃料噴射装置が備わった。

偉大な戦前モデルの名を継ぐ1750

新ラインナップとジュリエッタ／ジュリア系とのあいだには大きな違いが3つある。まず第1は、ベルリーナ、スプリント・クーペ、スパイダーの3モデルが同時に発表になったこと。第2にスポーティな2モデルにパワーとパフォーマンスの上乗せはなく、3モデルとも共通のエンジンチューンとなったこと。第3はアルファにとっては縁起のいい、数字によるモデルネームに戻ったことである。

アルファ・ロメオの歴史を通じてもっとも美しくてカリスマ性に富み、成功を収めた戦前モデル1750の排気量は1752ccだった。今度の新エンジンは1779cc、コーヒーカップ一杯分ほども違わない。小さな数字の違いに目をつぶって、新ラインナップにアルファ・ロメオ1750と名づけたのはいかにもアルファらしい。偉大な祖先と同じ軌跡を辿って欲しいという首脳陣の願いがこもったネーミングだった。

3モデルのなかでもっとも変化が少なかったのはスパイダーで、デュエットのボディ、シャシー、ランニングギアはそのままに、大きなエンジンに換装しただけだった。1750GTVも、エンジンが大きいだけのジュリアGTVだ。アルファ一族の特徴を強く引き継いでいるとはいえ、今回、先代モデルからもっとも大きく変わったのはベルリーナであ

1750 Berlina 1967-1972

エンジン：	4気筒DOHC
ボア・ストローク	80 x 88.5mm
排気量	1779cc
出力	114bhp
トランスミッション：	5段MT
終減速比	4.556:1
ボディ形式：	4ドア・セダン
性能：	
最高速度	180km/h
0-60mph (97km/h)	10.8秒
全長	4390mm
全幅	1570mm
全高	1420mm
ホイールベース：	2570mm

2000 Berlina 1971-76

下記を除き1750ベルリーナを参照：

エンジン：	4気筒DOHC
ボア・ストローク	84 x 88.5mm
排気量	1,962cc
出力	131bhp
トランスミッション：	5段MT
終減速比	4.556:1
ボディ形式：	4ドア・セダン
性能：	
最高速度	189km/h
0-60mph (97km/h)	9.7秒

生産台数：
1750ベルリーナ　約101,880
2000ベルリーナ　89,840

ALFA ROMEO Always With Passion

この透視図を見ると、1750 ベルリーナのメカニズムにはアルファの伝統が脈々と息づいていることがわかる。4 気筒ツインカムから入念に位置決めされたリアのリジッドアクスルまで、その起源を辿ると初の戦後モデルである 1900 に辿り着く。(Alfa Romeo archives)

右ページ：1750 ベルリーナのリアビュー。ジュリアから派生したボディであることがわかる。(LAT)

る。デザインを託されたベルトーネは見事な手腕を発揮、サッタによるオリジナルのボクシーなデザインをもとに、はるかにモダンなフォルムへと一新した。

1750 ベルリーナの主要寸法はジュリアとほぼ同じで、前後トレッドは完全に同一、ホイールベースは 5cm だけ長くなった。一方、全長をほぼ 25cm 伸ばした結果、リアシートに広いスペースを充てることができた。ベルトーネが作り出したボディは、数字的な拡大幅がそう大きくないわりに、見た目にまったく新しく、ひと目で大きくなったと感じる。デザイン上のキーポイントは次の 3 点。ボクシーな先代ボディのエッジ、とりわけ前後フェンダーのエッジの角を丸めた。垂直に切り落としたリアエンドのデザインを整理した。アルファの盾を幅広くし、その両側に丸形 4 灯ヘッドライト

を配した。

新型デザインは実用面でも一枚上手だ。エンジンベイが大きくなり、整備の際、エンジン各部に手が入りやすくなったほか、トランク容量も増えた。車内の設えもわずかながら豪華になった。ステアリングホイールはディッシュタイプで、アルミ磨き出しの 3 本スポークには、黒のプラスチック製ホーンボタンが備わる。深い"ひさし"のかかった主要メーターはドライバー正面に位置する一方、補助メーターは、ダッシュボードの下から始まり左右フロントバケットシートのあいだに伸びるセンターコンソールに集められた。塗装した金属パネルの代わりにウッドパネルが張られ、ゴムマットの代わりに柔らかいカーペットが敷いてある。徐々に贅沢になっている市場の要求に応えた結果だ。

しかしこうした変更の代償として、ジュリア TI よりかなり重くなってしまった。最大出力は 118bhp ／ 5800rpm に達したが、パワーの強化分は 150kg にもなる重量増におおむね相殺された。そ

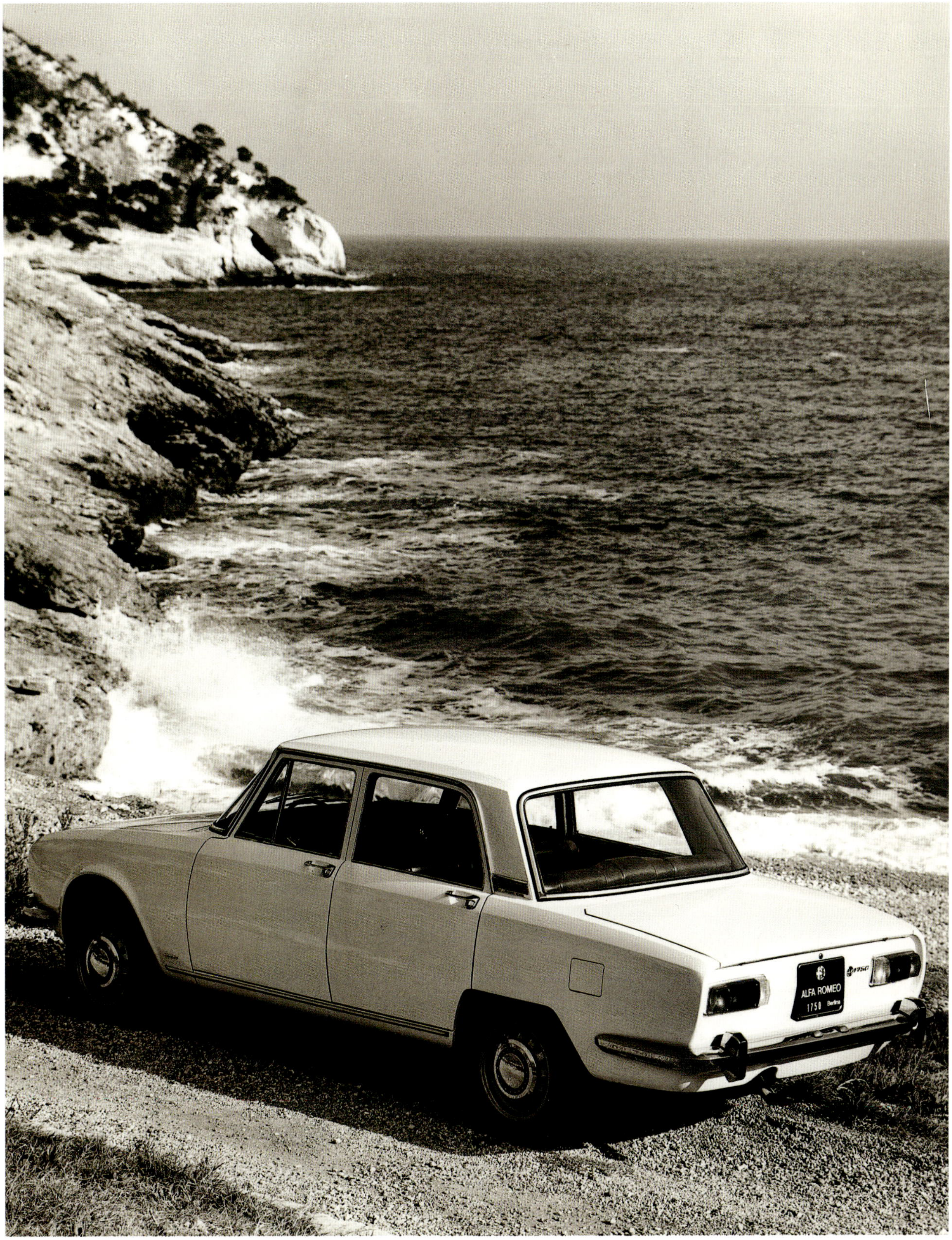
ALFA ROMEO
1750 Berlina
1750

1750のインテリアはジュリアより豪華だ。ウッドリムのステアリングホイール（中央のボスもウッド張りだ）と、ダッシュ全幅にわたるウッドトリム。メインのメーターは深いカウルの奥に位置する。補助メーターはセンターコンソールに集められている。(Alfa Romeo archives)

れでも最高速は180km/hへと若干伸び、加速もわずかながら鋭くなった。なおトルクが厚くなったので、各ギアの守備範囲は広くなっている。

高度にチューニングされた1750のエンジン

　新しいアルファが成功するには、従来の顧客層からどれだけ支持を受けられるかにかかっていたが、ロードテストをした専門誌は太鼓判を押した。1750ベルリーナをテストした『オートカー』は、拡大版エンジンはこれまでと同じく、よく仕事をこなすと評した。「高度にチューンされたスポーティなエンジンだが、不満も煩わしさも一切ない。……アイドリングから6000rpmのレッドラインを少し超えるまで、スムーズかつ均一な力でボディを引っ張っていく」と伝えている。また「カム、チェーン、吸排気系の奏でる芳醇なブレンドは快適な音量を超えることはなく、最高回転域でも咆吼には抑えが効いている」と記し「私たちが出会ったなかでも、屈指のリラックスした高速クルーザー」だと締めくくっている。

　まさにアルファが期待していた通りのコメントだったわけだが、一方、新しい設計には批判の声もあり、それは今なお傾聴するに値する。改訂したシャシーに一回り大きなエンジンを搭載した結果、荷重がクルマのフロント寄りに移動した。以前よりアルファは穏やかな

アンダーステアだったが、今回はアンダーの傾向が心持ち強まった。ただしステアリングは活き活きとしており、入力に対する反応が良好なことに変わりはない。限界域では内側後輪ではなく前輪が浮き上がり気味になるものの、コーナリングは安定しており、大きくて重く、豪華になった新型でも、基本がしっかりしたサスペンションはきちんと仕事をこなした。

ブレーキがオーバーサーボ気味の個体があったが、ドライバーが踏む力を加減すれば済むことだった。ただアルファの例に漏れず、ドライビングポジションには批判が集中した。シートは快適なのだが、フロアをピボットとするペダルの角度のせいで、操作しにくいと感じるドライバーがいた。新しくなったダッシュボードのレイアウトは功罪相半ばする。適切な位置にあって読みやすいスピードメーターとレブカウンターはいいとして、センターコンソールのサブメーターは、ステアリングホイールと、コラムから伸びるレバーが邪魔して見えないことがある。

上級市場に移行するにあたり、アルファはこれまでとは別の、深刻な問題に取り組まざるを得なくなる。かつて同社の製品は、戦後モデルの1900でさえ熟練のクラフトマンが入念に組み立てていた。しかしジュリエッタとジュリアの時代になって生産量が急上昇すると、顧客から仕上げがお粗末だと指摘される件数が増え、数こそ少なかったが故障が多いという声も寄せられた。ハードウェアとしてのアルファにも、ディーラーのサービスにも100％満足というユーザーが大勢を占めたと思われるが、そうではない少数派の声が、今後のセールスに大きく影響することが考えられた。そして1750では、この点で早くも問題が表面化していた。

素晴らしくドラマチックな広報用のショット。盾形グリルの幅が狭いことに注意。
(Alfa Romeo archives)

レースで活躍した1750

ジュリエッタとジュリアの血筋を引く1750は、アルファの伝統に恥じることなく、サーキットで素晴らしい活躍をした。1750が報道陣に向けて初めて発表されたのは、ティレニア海に面するヴィエトリ・スル・マーレという街だった。それからわずか6か月後の1968年7月、アルファはスパ・フランコルシャン24時間レースに4台の1750ベルリーナを投入する。このころまでに、グループ1プロダクション・ツーリングカー・カテゴリーのホモロゲーションを得るのに充分な生産量に達していたのだ。果たしてこの4台、クラス1〜4位を独占するという活躍振りで、アルファの生産モデルによるレース史に新たな1ページを書き加えた。さらに1968年のクープ・デ・ザルプでは、別の1台がプロダクション・ツーリングカー・クラスを1位で完走した。しかもこの間、主役であるGTAがヨーロッパ、アフリカ、南米のレースで着々と勝利を重ねていたのである。

ジュリアから1750にグレードアップしたことによる問題はこれ以外にもあった。パワーとトルクが増強されたために、ジュリアの時代から弱点になり始めていたクラッチにはさらに大きな負担がかかるようになった。型式はジュリアと同じ乾燥単板だが、高まる一方のストレスに対処するために1750では一連の改良が必要だった。また車重が増え、スピードも高まったために、激しいコーナリングを敢行するとリアサスペンションにかかる負担が増えた。このころライバルは、高度な設計の独立式サスペンションに軒並み移行しつつあった。

それでも当面の販売は順調だった。1968年、ジュリア系の販売は5万5168台に落ちたが、新しい1750が4万2114台売れて後押しし、総生産台数は9万7282台に達した。翌1969年こそ1750の販売は3万6568台に落ち込んだが、それ以降は毎年5％前後の上昇率を保った。

1970年、1750の販売は伸びていたが、ジュリアがカタログから落ちたためにアルファの生産総数は前年を下回った。この年、ラインナップされた3モデルすべてが大がかりなフェイスリフトを受ける。ベルリーナを例に採って変更箇所を紹介しよう。ペダルが吊り下げ式になり、踏み始めから終わりまで快適な軌跡を描くようになった。ディッシュタイプのステアリングホイールは、スポークの後退角が一段と強くなった。ヘッドライトに石英ヨウ素球が採用になり、ブレーキ回路が前後2系統になった。

ところでエンジン排気量を大きくしたことで、アルファ・ロメオはひとつのジレンマに陥る。イタリアでは道路税を算出するのに複雑な算式を用いた。まずシリンダーの数に指数0.08782を乗ずる。次にエンジン排気量に0.6541という指数を累乗する。前者で得た数字に後者で得た数字を乗じて得た値が課税対象馬力となる。この結果、1500cc以上の車に乗るイタリアのドライバーは、ヨーロッパの他国より高額の道路税を払うことになり、イタリアではスモールカーに乗る傾向が強かった。1967年当時のデータを挙げると、ドイツ人が所有する自動車の平均排気量は1445cc、イギリス人は1385ccだったのに対し、イタリア人が所有する車の平均排気量はわずか890ccだった。

つまり1750はふたつの顧客層のすき間に落ちる危険を秘めていた。排気量が大きくなってランニングコストが高くなったため、懐に余裕のない購買層は新型アルファを買い控えた。一方、パワーとパフォーマンスが上乗せされたといっても、充分な資産を持つ愛好家を夢中にさせるほどのレベルではなかった。懐の寒い愛好家の需要は小さなエンジンのジュリア系で満たせるとして、アルファのハイエンドモデルにはさらなる"おもてなし"が必要だと思われた。

アルファのトップモデルに求められる要素とはなにか。答えは同社の歴史のなかにあった。レーシングモデルである。当時、アルファのレース活動を支え続けていた主力モデルはGTAだった（第8章参照）。1970年シーズンの生産車によるレースでは、2ℓクラスでもっとも熾烈な争いが展開されると予想されたので、アウトデルタはこのディビジョンに出場できるGTA1750の開発に取りかかる。そして1970年ヨーロッパ・ツーリングカー・チャレンジの初戦、モンザ4時間レースに1750GTAmと呼ばれるマシーンを初めてエントリーした。車名の"m"はmaggiorata（拡大した）の頭文字だ。そう、1750GTAmは80から84.5mmにボアアップして、排気量を1985ccとリミット一杯までに大きくしたエンジンを搭載していたのだ。

GTAmは初シーズンから完璧な成功作となった。初戦のモンザで総合1位、

7. 1750 & 2000 BERLINAS

2000 ベルリーナの外観は 1750 とほぼ同じだ。幅広の盾形グリルが備わること。丸形 4 灯ヘッドライトの内側ペアが外側より前にせり出しており、4 灯すべてが同じサイズになったことが数少ない相違点。(Alfa Romeo archives)

そのあとに続くザントフォールト、ブダペスト、モンレリー、ディジョンを始めとするレースでも勝利を重ね、アルファ・ロメオにまたもやツーリングカー・チャレンジのタイトルをもたらした。翌年も 240bhp ／ 7500rpm エンジンを搭載してタイトル制覇。フルに 2ℓ まで拡大してもアルファの伝統であるエンジンのタフネスにいささかの支障も来さないことが、レースというもっとも厳しいテストの場で立証された。

レースで得た教訓は時を置かずして生産車にフィードバックする、これがアルファの歴史を通じて一貫したポリシーだ。今回も同社はこれを実践する。1971 年 6 月、イタリア、ガルダ湖畔のガルドーネにて、エンジンを新しくした 2000 ベルリーナ、スパイダー、GTV のトリオが報道陣に向けて発表された。排気量を大きくする方法は、GTAm とはわずかながら異なる。ボア間ピッチをあまり狭くしたくなかった同社技術陣は、ボアの拡大を 84mm に留めて、排気量を 1962cc とした。1750 と同じ圧縮比とキャブレーションにより、最大出力は 132bhp ／ 5500rpm に向上した。

2000 でもロングストロークであることに変わりはなく、その事実はエンジン回転域のトップエンドに影響を及ぼし、最大出力の発生ポイントはジュリア SS より 1000rpm、ジュリア TI より 700rpm 低かった。それでも 2000 ベルリーナの最高速は 190km/h に達し、

ウッドが目立つアルファ2000のインテリア。ダッシュボードに張られるウッドの面積も増えたし、センターコンソールにも用いられている。盤面が白で、黒の下地に数字が白抜きされたメーターのデザインは、従来型と比べて読みにくくなった。(Alfa Romeo archives)

回転域全般を通じてエンジンレスポンスは向上した。

ただし設計年次の古さが次第に明らかになった部分もある。例えばクラッチは増大したパワーに対応できるように強化されたが、その分、踏力が増えた。ノーズヘビーの傾向に一層拍車がかかり、アンダーステアの度合いが強まった。またシンクロメッシュの弱点も明らかになり、特に2速シンクロが弱い個体があった。

ことはそれだけでは済まなかった。細部のデザイン変更のなかにはどう見ても改悪としか思えないものがあり、アルファ内部で設計上の優先順位が変わりつつあることを示していた。それが端的に表れているのがメーターのデザインだ。長年のあいだにアルファの計器は確実に進歩していき、ドライバーズカーとして理想の域に達しつつあったのだが、2000ベルリーナでは一挙にこれが後退してしまう。盤面は白地で、数字だけが黒地に白抜きとなったのだが、従来の黒地に白のシンプルな表示の方がはるかに読みやすかった。意味のないデザイン上のギミックに与えられる賞があったなら、1位は間違いなしの改悪といわざるを得ない。1971年には、同社が急速に自信を失いつつあることを示す象徴的な変更点がもうひとつあった。アルファ・ロメオはパフォーマンス第一主義の顧客に、世界的にもトップクラスのギアボックスを長年にわたり提供してきたブランドだ。そのアルファ

7. 1750 & 2000 BERLINAS

クリーンなラインで構成される2000の側面。虚飾を排した潔い造形が好ましい。このクルマはオプションのアルミホイールを履いている。(Alfa Romeo archives)

がついにオートマティックギアボックスをオプションに用意したのだ。

ともあれしばらくは、2000の生産は年間5万台を上回るレベルで推移した。アルファ内部では新しい小型車の開発が進行中で、このカテゴリーでのプレゼンスを保つ布石は打たれた。一方、上級クラスのモデルは、新たな設計思想を取り入れるべき時期を迎えていた。

1750と2000ベルリーナを今日の視点からじっくり眺めると、ボディが理想よりほんの少しだけ大きいことが理解できる。ロールの量とアンダーステアの度合いも理想よりほんの少し多い。しかしオラツィオ・サッタ・プリーガの設計に端を発するベルリーナの究極型であるこの2台は、アルファに期待されるキビキビとスポーティなキャラクターをきちんと備えているし、ファミリーマンには充分な車内空間とトランクスペースを提供する。

ステアリングとギアボックスの感触はシャープだし、路面追従性とハンドリングの水準はジュリアと比べても遜色ない。加えて乗り心地は一枚上手。コシのある、抑制の効いた乗り心地を、リジッドリアアクスルの足回りで実現したことには感心するばかりだ。1750のエンジンは気持ちよく高回転まで回る。一方の2000は柔軟性に富む。それでも生気を帯び始めるのはレブカウンター上で2500以上というあたりにアルファの素性を感じる。サウンドもアルファそのもの、ツインカムの咆吼がイタリア産の駿馬を駆っているのだとドライバーに知らせる。後生大事に扱われることを前提にした眠たいローバー2000や、6気筒トライアンフとは別のクルマなのである。

バイヤーズ・ガイド

1 ジュリアから派生したモデルなので、ボディと機構面のチェックポイントはジュリアのベルリーナと同じ。生産期間を通じて熱烈なファン層に恵まれたクルマではないだけに、腰を据えて探そう。オーナーに愛されずに半生を過ごした個体をいやというほど見せられる覚悟も必要だ。

2 1750を2000の格下モデルと見なすことはない。2000の2ℓはトルキーなのが魅力だが、インテリアは1750の方がアルファらしい。

ALFA ROMEO Always With Passion

The Giulia, 1750 & 2000 Bertone coupé
ジュリア 1750と2000 ベルトーネ・クーペ

スプリントGTと、その後方に停まる1750GTV。後者は丸目4灯ヘッドライトと、フロントパネル中央を横に走るクロームの1本バーにより識別できる。(LAT)

アルファ・ロメオが本当の意味で戦後の復興への道を歩み始めたのは、ジュリエッタをラインナップしたときだった。3つのモデルのなかでは、ベルトーネがデザインしたスプリント・クーペが最初に登場したことはすでに述べた。スプリントはジュリエッタのライフスパンを通じて生産されたばかりか、1962年に同社の傑作エンジンであるツインカム4気筒の1570cc版を搭載されてジュリア・シリーズの一翼を担った。しかしそのジュリアも1963年秋、ついに

8. THE GIULIA, 1750 & 2000 BERTONE COUPÉ

終わりの時を迎える。なおジュリエッタのエンジンを積んだ1300スプリントはその後2年生産が続いた。

ベルトーネがデザインした新型クーペが、1963年9月9日、ミラノ近郊アレーゼの新ファクトリーにてイタリア報道陣に向けて、その後のフランクフルト・ショーで一般に向けて発表になった。新しいクーペは、同じベルトーネ作の2600スプリントの巧妙なスケールダウン版に見えたが、ルーフラインは後ろに行っても高い位置を保ち、しだいに絞り込まれて流線型のテールに連なった。2600スプリント比でホイールベースは23mm短いが、新型ボディは空力的に優れ、フル4シーターと呼べるだけのヘッドルームがリアに確保されていた。

もっとも愛されるアルファ ジュリア・スプリント

こうして生まれたのがジュリア・スプリントGT、時代を通じてもっとも愛されたアルファの1台である。初期型は圧縮比が9.0で、2基のツインチョークキャブレターを備え、1570ccから106bhpを生むジュリア用エンジンを搭載、180km/hの最高速と鋭い加速を誇った。広くなった室内を最大限に活用するため、一回り大きくてクッションの厚い後席が備わり、ドアも広くなった。前席はクロス張りで、消耗の激しい部分は革張りだ。

傾斜したリアウィンドーは明るく開放感溢れる車内を生み出したが、かなり曲率のきついガラスを通すと外の風景がゆがんで見えた。フロアはカーペット張りで、かかとが当たる部分がビニール張りになる。室内で小物をしまえるのはダッシュボード上のグラブボックス（鍵付き）だけ、これとは別に地図や新聞を入れるポケットが備わる。ドライバー正面にはスピードメーターとレブカウン

Giulia Sprint GT/GT Veloce 1963-1968

エンジン：	4気筒 DOHC
ボア・ストローク	78 x 82mm
排気量	1570cc
出力	103bhp
ヴェローチェ	110bhp
最高速度	178km/h
ヴェローチェ	182km/h
0-60mph (97km/h)	10.6 秒
ヴェローチェ	10.5 秒
全長	4080mm
全幅	1580mm
全高	1315mm
ホイールベース：	2350mm

1750 Sprint GTV 1967-1972

下記を除きジュリア・スプリントGTと同じ：

エンジン：	
排気量	1779cc
出力	114bhp
性能：	
最高速度	187km/h
0-60mph (97km/h)	9.3 秒

2000 GTV 1971-1976

下記を除き1750スプリントGTVと同じ：

エンジン：	
排気量	1962cc
出力	131bhp
性能：	
最高速度	195km/h
0-60mph (97km/h)	9.1 秒

Montreal 1971-1977

エンジン：	V8, DOHC
ボア・ストローク	80 x 64.5mm
排気量	2593cc
出力	197bhp
トランスミッション：	5段 MT ZF
終減速比	4.10:1
	リミテッド・スリップ・ディファレンシャル
ボディ：	2ドア 2+2 クーペ
性能：	
最高速度	219km/h
0-60mph (97km/h)	7.5 秒
全長	4220mm
全幅	1672mm
全高	1205mm

生産台数：

GT 1300 ジュニア	91,195
GT 1600 ジュニア Z	402
GT 1300 ジュニア Z	1,108
GT 1600 ジュニア	14,299
GTA 1300	447
ジュリア・スプリント GT	21,542
ジュリア・スプリント GT ヴェローチェ	14,240
ジュリア GTA	500
1750 スプリント GTV	44,265
2000 GTV	37,459
1750 GTAm ／ 2000 GTAm	40
モントリオール	3,925

ジュリア・スプリント GTV の室内。ダミーウッドパネルが張られたダッシュボード。ドライバーの正面に位置するメーター。ディッシュタイプのステアリングホイールと、ホーンボタンを内蔵するポリッシュアルミのスポーク。素晴らしく正確なシフトを可能にする長いギアレバー。(Alfa Romeo archives)

ターがペアを組み、燃料計、水温計、油温計、油圧計がダッシュボードのドライバー寄りに位置した。ちなみにトランクリッドはパッセンジャー側ドアピラーに隠れているレバー（施錠可能）でリリースする。

ボディが新しくなり、室内の装備品が増えたことの相乗効果で車重は45kgほど増えた。スプリント GT は比較的出足の鋭いクルマだが、エンジンが本当に生彩を帯びるのはスピードメーターの針が 100km/h を超えてからだ。ギアボックスを駆使して、どこまでも回ろうとするエンジンのもっともスウィートなレブレンジを保つ、これこそそのクルマ

の正しい走らせ方である。

5段ギアボックスはシフト自体が楽しい。レバーは中央の3-4速ゲートに向けてスプリング負荷がかかっている。だから2から3速にシフトアップするにはレバーを前方に押してやるだけで、スプリングが正しいスロットに導いてくれる。同じように、高速走行時、ここ一番のダッシュを求めて5から4速にシフトダウンする際も、手前に引き寄せるだけ、あとはスプリング負荷によりするりと望むポジションに収まる。

ノイズは問題になりつつあった。オーバードライブの5速でも、排気音が否応なしに耳に入る。ウィンドー回りや、リアサイドウィンドーを開けた際の笛吹音を消すのはまず難しい。タイアによる違いはあるにせよ、悪路を走るとロードノイズが車内に侵入する。

ジュリア・スプリント GT の路面追従性は、同じラインナップのほかのモデル同様、非常に高いレベルにある。フロントサスペンションを強靭かつ入念にセットアップし、リアのリジッドアクスルをきわめて正確に位置決めした結果、トップクラスのハンドリングを実現した。アルファの設計陣はジュリエッタの足回りを決める際、様々な度合いのアンダーステアとオーバーステアのセットアップをプロトタイプに組み込んだ。公道でのテストはレーシングドライバーが担当したのだが、あらゆる観点からもっとも快適なのは穏やかなアンダーステアだという点でテスター全員の意見が一致、これ以降のアルファはどれも弱アンダーステアにセッティングされている。スプリント GT もその例外ではない。

スプリント GT は、新設のアレーゼ工場で組み立てられる最初のアルファ・ロメオだ（ただしコンポーネントは依然としてポルテッロ工場が生産した）。先代のスプリントよりかなり高価だったにもかかわらず、販売はすぐに急上昇した。1570cc の排気量にちなんでスプ

8. THE GIULIA, 1750 & 2000 BERTONE COUPÉ

リント 1600 と呼ばれた先代モデルの販売は、2 年の生産期間中に 7000 台強に留まった。対照的にスプリント GT は 3 年でその 3 倍の数が売れて、ジュリア系のなかでもっとも人気のあるモデルとなり、英国市場でも一番だった。

生産 1 年目の 1963 年、販売数は 848 台だったが、翌 1964 年には 1 万 0839 台がファクトリーを離れ、そのうち実に 960 台が RHD だった。65 年は 1 万 0053 台とやや低下し（内 RHD は 651 台）、66 年には 162 台（内 RHD は 29 台）と完全に落ち込んだ。

1965 年にはジュリア・スプリント・スペチアーレの生産がついに終わり、代わりに新味のあるモデルを求める顧客層にアピールする、これまでになかった派生型が登場した。これがカロッツェリア・トゥリングの手になるジュリア・スプリント GTC、ベルトーネのエレガントなラインをほぼ損なうことなしに、4 人乗りのフルオープンにしたモデルである。

GTC の生産は複雑なプロセスを経た。スプリント GT のボディはミラノ郊外の田園地帯にあるアレーゼの新ファクトリーにて製作された。そのなかから GTC に改造されるボディをラインから選び、トゥリングのワークショップに搬送する。トゥリングは剛性確保のための構造材を追加したうえでルーフを切り取り、ソフトトップを取りつけた。ジュリア SS とほぼ同じ価格の GTC は約 1000 台が納車され、ささやかな成功作となった。

スプリント GT の成功を受けてアルファはさらにパワフルな改良版、スプリント GT ヴェローチェ、略称 GTV を市場に送り込む。これは先代を上回る人気モデルとなっただけでなく、歴代アルファのなかでも指折りの名作となる。1966 年 3 月、新しい 1600 スパイダー（デュエット）と同時に発表された。アルファは選ばれたジャーナリストを招いて、ガルダ湖を巡る 1 周 70km の公道周回コースで試乗させたのだが、近隣の山間路やアウトストラーダ走行を織り込んだあたりに、同社の巧みな PR 戦術を見ることができる。様々なシチュエーションを走ることで、GTV の美点が浮き彫りになったからだ。

紙の上ではスプリント GT と GTV の

ジュリアのシャシーをベースに、1965 年からトゥリングが製作したジュリア・スプリント GTC。4 シーター・オープントップのボディ型式は、その後の厳しい安全基準のために一時絶滅危惧種になったが、ポップアップ式ロールバーなどのハイテクにより現代に復活した。(LAT)

ALFA ROMEO Always With Passion

ベルトーネがデザインしたスプリントGTの美しさは、1750GTVのシンプルなリアビューにも表れている。(LAT)

トの形状が変わり、快適でサポートがよくなった。内装が上質になったことも重要な変更点だろう。ただしこれ以外にも細かい変更が積み重なった結果、車重は70kgも増えてしまった。

　GTVの魅力は単なるパーツの集合体を越えた、クルマ全体が醸し出すハーモニーにある。カタログに記載されたデータを他車と比べても、このクルマの本当の美点は見えてこない。GTVの類い希な資質は高度なセットアップから生まれている。車内空間、スタイル、動力性能、ハンドリング、あらゆる入力に即応する応答性。こうした要素が高度にバランスすることでもたらされる魅力は乗ってすぐにわかるし、いつまでも色あせない。困難な道路状況をものともせずに、長距離ツーリングをこなすのに理想的な1台。アルファのクーペはGTVになって初めて、掛け値なしにグランドツアラーの名にふさわしいクルマになった。

　1966年、GTVは6901台が生産され、そのうちRHDは583台だった。将来有望なスタートだ。ところが翌67年は6541台（内RHDは822台）へとわずかながら落ち込み、68年の生産はわずか27台、RHDにいたっては2台に激減した。GTVはさらにパワフルな1750（ベルリーナとスパイダーと同時に発表された）に道を譲ったからだ。エンジンは3モデル共通で、伝統のDOHC4気筒のボアとストロークを大きくした1779ccの排気量から118bhp（グロスでは132bhp）のパワーを得た。外観上、1750GTVと先代との違いは以下の通りごくわずかだ。クロームのグリルバーが1本に、ヘッドライトが丸目4灯になった。ジュリア・スプリントGT、GTV、GTジュニアではボンネットとボディ先端に段差がついていたのだが、この部分がすっきりフラッシュサーフェスになった。車重はまたも20kgほど増えたが、最高速も190

違いはそう大きくない。圧縮比とキャブレターは同じで、最大出力は3bhpだけ上乗せされて109bhpに、最高速は5km/h速い185km/hに向上した。外観上の違いも以下の通り少ない。フロントグリルにクロームのバーが3本入り、"Veloce"のクローム・エンブレムがテールに、左右リアクォーターピラーの付け根に4つ葉のクローバーをあしらった金属エンブレムが控えめについた。4つ葉のクローバーはアルファ・ロメオのワークスレーシングチーム、由緒正しいアルファ・コルセのシンボルである。室内に目を転じると、フロントシー

8. THE GIULIA, 1750 & 2000 BERTONE COUPÉ

ジュニア・ザガート

アルファ・ロメオとザガートは、歴史を通じて切っても切れない関係にある。1966年にジュリアTZの生産が終わってから3年の空白の後、ザガート・デザインのアルファが復活した。1969年のトリノ・ショーでデビューしたジュニアZは、軽量と強度を両立させたザガート一流のボディをまとい、無類の美しさでショー会場を訪れた人々の注目を集めた。低いノーズから始まるラインは緩やかに上方へ向かい、エレガントな曲線を描くルーフラインを辿って、ハッチバックを備えるなだらかなファストバックへと続き、最後はコーダトロンカ形状のスパッと切り落とされたテールで終わる。モダーンな感覚とザガート伝統の力感を兼ね備えたそのフォルムは、世界中のアルフィスタの心を鷲掴みにした。

ホイールベース2250mmのシャシーに、ジュリエッタ用の1290ccエンジンと5段ギアボックスを搭載したジュニアZは、SZやTZのようなレースモデルではなく、ロードユース専用の2シータークーペだ。とはいえ動力性能も侮りがたく、89bhpの最大出力は920kgのボディを175km/hの最高速へと導いた。

通常のラジエターグリルの代わりに、ヘッドライトを包む透明なプラスチックパネルを用いたのもデザイン上の大きな特徴で、アルファ伝統の盾の形をしたパネル中央の開口部が、エアインテークの機能を果たしている。大センセーションを巻き起こしたジュニアZだが、ザガートのワークショップで製作されたために生産台数は比較的少なく、大半がイタリア国内に納められた。1972年までに1290cc版は1108台が製作され、この年、デュエットやGTV用の1570ccエンジンに換装されると同時に、バンパーが一回り大きくなり、内装が一部手直しを受けるなど細部の変更があった。1570cc版の生産はさらに3年続いたが、総数は402台に留まる。生産台数が伸び悩んだもうひとつの理由は、2000GTVのほぼ2倍もする価格にあったのかもしれない。

登場してからすでに40年以上の歳月を経て、ジュニアZはいまなお理想的なアルファの1台として精彩を放つ。

ジュニアZはザガート・デザインの個性的な美しさが際立つ好ましい2シーター・クーペで、6年余りの生産期間中わずか1500台が作られたレアモデルである。(LAT)

km/hへと伸びている。

『モーター』誌は1968年7月に新型をテストした。「アルファ・ロメオ1750GTヴェローチェに試乗するのは、昔からの友人に再会するのに似ている。出世してすっかり立派になった古い友人だ」レポートはこんな風に始まる。「私たちがそう感じるのは、ただ慣れ親しんだからというのではない。この4年でアルファをテストするのは確か5度目だが、今度もまたGTVの総合的な優秀性を充分に実感できたからである」

テスターはパフォーマンスをフルに使い切る状況でも、このクルマは静かだとコメントしている。重量は増えたかもしれないが、これは遮音材をふんだんに使ったせいでもある。大型でパワフルなライバルを完璧に打ち負かしたと伝えるくだりでは、ほとんど手放しで褒めている。「私たちは1週間にわたりベルギーとフランスの公道を舞台に、排気量でアルファの4倍、パワーで3倍もあるアメリカ製スポーツカーとコンボイでGTVを走らせた。抜きつ抜かれつ、丁々発止のやり合いだったが、アルファがあとに置いていかれることはまずなかった。それどころか、路面の荒れた、

ALFA ROMEO Always With Passion

アルファの伝統を忠実にフォローした1750GTV の快適な室内。（LAT）

カーブが連続する区間ではしばしば先行してみせたのだ」

　先代より重く、パワフルでスピードも増したにもかかわらず、秀逸なハンドリングを維持できたのはサスペンション・セッティングを細部まで入念に見直した結果だ。まずフロント・ウィッシュボーンのジオメトリーを変えて、ロールセンターを高くした。これでコーナー進入時のロール量を若干減らすことができた。同時にフロントへの荷重移動量が増える結果になったが、フロントのスプリングレートをわずかに柔らかくすることで対応している。さらにリアサスペンションにはスタビライザーが追加になり、ホイールは先代より小径幅広になった。

　このようにしてアルファの技術陣は、同社製品の特質である穏やかで安定したアンダーステアを保ったのである。『モーター』誌は「路面追従性は秀逸。おそらく先代モデルより一枚上手」と評し

た。乗り心地にも最上級の賛辞を寄せている。「ベルギーの悪路ときたらそれはひどいものだ。くぼみが横方向に走り、路面はひびだらけ。これと比べれば、いつもなら最悪としか思えない英国の道路も、鏡のようにフラットに思える。そんなベルギーの悪路でも、GTVの乗り心地がすこぶる快適だったことは特筆に値する」一方、同誌は数少ない欠点として、次の3点を挙げている。長身ドライバーにはしっくりしたドライビングポジションが取れないこと（ステアリングホイールが遠すぎ、ペダルが近すぎる）。リアのレッグスペースが限られていること。2000rpm付近にフラットスポットがあること。

引き締まった乗り心地が生む心地よい緊張感

　その2か月後にテストした『オートカー』誌は、先代モデルは7000rpmより上まで回してもなんの不都合もなかったのに対して、1750GTVではストロークが長くなったために、6000rpmで頭打ちになると指摘している。しかしながら、と同誌は続ける。「アルファ・ロメオ1750GTVに試乗したテスター全員が、このクルマにいたく感銘を受けた。1966年12月にテストした1600GTVと比べて、最新型ははるかに活発。ステアリング、ハンドリング、ブレーキは一枚上手で、インテリアの仕上げも格段によくなっている」回転域の上限が低くなったために、スルーギアでの加速に進歩は認められなかったとしながらも、1750GTVの方が1600より明らかに燃費がいいのは意外だったと記している。新型の平均燃費は8.5km/ℓ、対して旧型は7.8km/ℓだったのだ。定速燃費にも同じことがいえる。定速80mph(128km/h)での1750GTの燃費は、定速70mph(112km/h)での1600と同じ、9.6km/ℓを記録したの

8. THE GIULIA, 1750 & 2000 BERTONE COUPÉ

である。
　ステアリングは気に入ったテスター陣だが、乗り心地にはあまり感心していない。「低速ではサスペンションがかなり硬く、悪路を走ると強い突き上げを伝えてくる」として、次のように続ける。「この硬さはスムーズな路面では引き締まった快適な乗り心地に変わる」一方、シートは見た目ほど快適ではないと指摘している。なおこのテストではエンジンのフラットスポットは看取されなかったようだ。ハンドリングとギアボックスには、いつも通り高い評価が与えられた。リポートのまとめを読むと、1750GTVの時間を超えた魅力がよくわかる。「排気量は増えたが数字に表れるほどの性能の向上はなく、むしろ燃費がよくなっている。先代モデルよりはるかにレスポンスが鋭くて活発。非常に速く、高いアクティブセイフティ性能を備え、かつファン・トゥ・ドライブだ」

　1750GTVの生産は1967年にスタートし、919台がアレーゼ工場をあとにした。翌68年の生産台数は1万1768台（内RHDは1082台）、1750シリーズ全体の生産台数は4万2114台だった。好調が続かないのがこのモデルのパターンなのか、69年の生産は1万0799台（内RHDは1454台）とわずかに低下する。しかし70年には1万3973台（内RHDは1452台）と大きく盛り返し、この年、1750GTVの生産はピークを迎えた。
　ここでレース仕様のスプリントに触れておこう。ジュリア・スプリントGTのレース仕様はボディがアルミ製で、遮音材を始めとする快適装備を取り払った結果、実に205kgもの軽量化を果たした。Gran Turismo Allegerita（＝軽量化した）の由来で、頭文字を採ってGTAと呼ばれた。エンジンはデュアルイグニッション化されて、最大出力は

アルミボディで軽量化を果たしたスプリントGTA。後方は2000GTV。(LAT)

ALFA ROMEO Always With Passion

GTAのインテリアは機能第一主義だが、最小限の快適装備は残されている。これはオリジナルコンディションをよく保ったRHD。(LAT)

115から170bhpまで、最高速は185から220km/hまで様々な段階のチューンを施された。こうして生まれたGTAは、前を行くマシーンすべてを抜き去る。1966～68年のシーズン、GTAは3年連続してアルファ・ロメオにヨーロッパ・マニュファクチャラーズ・チャレンジのタイトルをもたらしたほか、各国の国内選手権を制覇した。

GTAは500台が市販され、アウトデルタ向けにも製作された（台数は特定できていない）。これとは別に、アウトデルタが特別に作ったGTA-SAと呼ばれるモデルが10台存在した。このGTA-SAは遠心式スーパーチャージャーを2機備え、過給機はエンジンから直接駆動するのではなく、油圧ポンプで作動する。エンジンは最適な燃焼コントロールをするために、混合気中に水を噴射する装置を備えていた。これは水を噴射することで燃焼室の温度を下げ、過給時の異常燃焼を防ぐ。

GTA-SA (Sovralimentata＝スーパーチャージド) はグループ5のツーリングカーレースを意図したマシーンで、アルファのテストコースでは最高速240km/hを計測した。過給器がもっとも威力を発揮したのはむしろ加速の方で、GTA-SAは強力な加速力を利して1967年のホッケンハイム100マイルレースに完勝、1968年シーズンにも4勝を挙げた。

1968～72年にかけて、1290ccエンジンを搭載したGTAがさらに447台作られている。エンジン排気量こそジュリエッタと同じだが、こちらは1.6ℓユニットのストロークを縮めたオーバースクエアの新エンジンで、デュアルイグニッションにより基本型でも96bhpを発生した。出力はすぐに110bhpとなり、最高速も175から210km/hへと大幅に向上する。しかしアウトデルタ版はその上をいっており、160bhp7800rpmを発揮したのに加え、彼らが独自に100台製作した燃料噴射仕様では165bhp／8400rpmという究極的なパワーを実現していた。数10年前に設計されたエンジンの耐久性と高効率を雄弁に語る数字である。

話を生産モデルに戻すと、アルファはスプリントGTを買えるほど懐の暖かくない顧客層に向けたモデル作りも忘れてはおらず、小排気量エンジンを搭載したGT 1300ジュニアを主に国内市場に向けて1966年に導入した。こちらのエンジンはほぼスクエアのジュリエッタ用を流用するが、圧縮比とキャブレターは排気量の大きなエンジンと同じで、89bhp（ネット値。グロスでは

103bhp）／6000rpm を発揮した。車重は 1750GTV より 110kg も軽い 930kg なので最高速は 170km/h に達した。イタリア国内で 1750 のおよそ 4 分の 3 の価格で販売された GT 1300 ジュニアは税金も安く、燃費も良好で、11 年の生産期間中に 9 万台以上が作られた（内 RHD は 4500 台強）。1972 年には 1600cc の GT ジュニアがラインナップに加わる。オリジナルのジュリア GT スプリントの復刻版であるこのモデルの生産台数は 1 万 4299 台に留まった。

　1967 年はカナダ建国 100 周年を記念する年にあたり、これを祝してモントリオール万博が催された。会場にはあらゆる分野の胸躍る新しいデザインや商品が展示され、自動車部門を代表してアルファ・ロメオがスタイリッシュな 2+2 クーペを出展した。

　それから 3 年後、アルファはこのクーペを限定生産に移す。デビューした場所に敬意を表して、車名はモントリオールとした。エンジンはこのモデルの専用で、アルファは大胆にも 3ℓ レーシング・プロトタイプのティーポ 33 用に設計された V8 をベースユニットとして採用、ボアを 84 から 80mm に狭めて排気量を 2593cc とした。公道走行用にデチューンしたとはいえ、燃料噴射を備えた圧縮比 9.3 の V8 は、最大出力 200bhp／6500rpmp を発揮した。既存のモデルとは共通性のない独自のボディはベルトーネのデザインで、シャシーとランニングギアはジュリア GTV 用を改造して用いている。トップスピードは 220km/h を超えた。生まれたときからモントリオールはレアかつ高価なアルファで、価格は GTV の 2 倍、7 年に 4000 台足らずが作られたに過ぎない。事実、現存するモントリオールはアルフィスタの垂涎の的となっている。

　その価値を検証してみよう。モントリオールの魅力はずばりエンジンとスタイ

1971 年のポール・リーカールで力走する GTA。(Alfa Romeo archives)

小排気量のアルファ・ファミリー。1300 スパイダーにはヘッドライトカバーも、クロームメッキのリムもつかない。写真のジュリア・スーパー 1300 には後期型グリルが備わる。GT1300 ジュニアの最後期型は 2000GTV そっくりの顔つきになった。(Alfa Romeo archives)

ALFA ROMEO Always With Passion

疾走するモントリオール。(LAT)

ベルトーネ時代のマルチェロ・ガンディーニの作品と言われるモントリオール。上方にすくい上げるようなサイドウィンドー・グラフィックにはランボルギーニ・ミウラとの近似性が見られる。(LAT)

ルにある。ベルトーネのボディについては見る人の意見に委ねるとして、エンジンはどうだろう。純レース用の4カムV8は、気まぐれで手に負えないように思えるが、案に相違してモントリオールのエンジンはスムーズかつ柔軟なV8の美点をよく活かしつつ、200bhpをうまく手なずけている。ローバーのV8は確かに筋肉質だが、モントリオールより1ℓ近く大きく、明らかに高速巡航が前提だ。一方、2½ℓディムラーのオーナーならよく知っているように、ドライバーの意志に当意即妙に応えるのが小型V8の魅力で、排気量が小さいことはまったくハンディにならない。

モントリオールはあっという間に高速域に達する。どのギアでも活発で、5速も比較的ローギアードだ。エンジンサウンドは旋律的なかにも荒々しさを秘めている。軽くて正確なシフトもこのクルマにふさわしい。ギアボックスをフロントに置くアルファでは、シフトレバーが長くストロークも大きいのだが、これとは対照的にモントリオールでは短いレバーを手首のスナップで操る。1速に入れるのにドライバー側に引き寄せて、後方に引くのはZF製ギアボックスの特徴だ。クラッチの踏力も適切である。

一方、これと比べるとシャシーの見せ場は少ない。ジュリアのベルリーナやGTVでは高いバランスを発揮した105シリーズのシャシーだが、ここでは影が薄いのだ。ロール量は過大で、アンダーステアの度合いも強く、悪路を走破すると姿勢が乱れる。アンダーステアをニュートラルに転じるのにパワーを使

8. THE GIULIA, 1750 & 2000 BERTONE COUPÉ

うタイプのクルマである。ゴージャスなルックスをしているが、モントリオールを70年代のスーパーカーとは呼べない。手持ちのパーツを寄せ集めて作ったことは、乗れば明らかだからだ。アルファのトップモデル、モントリオールでは素早いコーナリングを目指すのではなく、ファッショナブルな大通りをゆったりと流す方がいい。

どんなコーナーも思い通りに走る2000GTV

1971年に1750GTVは、同じラインナップの2モデルと同じく表舞台から姿を消し、代わりに2000GTVが登場する。1962ccの132bhpエンジンを2000ベルリーナとスパイダーと共用する。GTVは低回転域のトルクが厚くなったおかげでエンジンは一層使いやすく、最高速は195km/hに伸びた。すでに述べた1300と1600の小排気量モデルともども、生産は1976年まで続いた。

エンジンが大きくなりモデル名も変わったのを機に、デザイン上細部の変更が少数あった。ラジエターグリルが横方向のバーに変わり、アルファの盾はバーを一段高くすることで表現された。リアフェンダーのラインが微妙に変わり、バランスのいい流線型に磨きがかかった。車内では内装がクロームとビニル張りになり、シートとダッシュボードが新しくなってぐんと快適になった。メーターはステアリングホイールの奥に集約されたので、ドライバーは前方の路面からほんの少し視線をずらすだけで、一度に情報を読み取れた。

英国仕様にはLSDが組み込まれた。ハードコーナリングを敢行すると内側後輪が路面から浮きやすいことに対応したのだが、果たせるかなこの対策は大当たりで、ハンドリングは大幅に向上した。「どんな曲率のコーナーでもクルマはドライバーの望む方向にぴたりとノーズを向け、後輪にかけるパワーの大小によって軌跡が変わることがほぼなくなった。今やGTVはパワーをかけるほどに安定感が増す」と『オートカー』はコメントしている。LSDのおかげで、排気量拡大によるエキストラパワーをコーナリングの初期段階からかけられるようになったが、その分、究極のリミットに達するリスクも増えた。リミットを超えると、GTVは物理の法則に従い4ホイールドリフトを演じる。しかもそのドリフトは注文のつけようがないほどバランスが取れていた。

一方、退歩した部分もある。中央集約型のメーターナセルには慣れを要し、英国仕様ではスピードメーターが10mph刻みだったのが30mph刻みになり、目盛りの中間のスピードを瞬間的に読み取ることができず、頭のなかで一度計算するようになった。1960年代後期から70年代初期まで問題とされた、お粗末な仕上げはようやく好転したようだが、長期的な防錆処理はおざなりのままだった。これが致命傷となり、アルファ・ロメオはまたもや破産の瀬戸際まで追い込まれ、そのあげくに買収されることになる。

今日の目で見ても、ジュリア系クーペが魅力あるクルマであることは、議論の余地がない。105シリーズ・ジュリアから発展したメカニカル・コンポーネントを用い、張りのある曲面からなるベルトーネの（実際のデザインはジョルジェット・ジウジアーロ）ボディで包み、イタリア製スポーツカー独自のレシピで仕上げた2+2クーペ。アルファに魅了されたあまり、フェラーリのような気まぐれなクイーンに頭を悩ます必要などあるだろうかと自分に問いかけた著名ジャーナリストは一人や二人ではなかった。

初期型ジュリアGTのインテリアはダ

ジュリエッタ／ジュリア系アルファと異なり、ZF製5段ギアボックスを操作するシフトレバーは短く垂直に立っている。ドライバー側に引き寄せて後ろに引くと1速に入る、いわゆるドッグレッグのシフトパターンだ。ステアリングはノンスタンダード。（LAT）

ALFA ROMEO Always With Passion

2000GTVを識別するにはラジエターグリルを見ればいい。伝統のアルファの盾形グリルは横方向に走る複数のバーによるレリーフで表されている。(LAT)

アルファがレース専門に製作したGTA。最後の"A"はAllegeria(＝軽量化された)の頭文字。1570ccエンジンはデュアルイグニッションや45mm径のキャブレターなどにより、標準型でも115bhpにまでチューンされた。この写真からも車高が低められていることがわかる。(LAT)

ミーウッドのダッシュや、ゴム製フロアマットに見られるように素っ気なく、装飾パーツのない外観と相まって質素なたたずまいのクルマだ。走らせても後期のGTVとはひと味異なる。バランスの取れたハンドリングは期待通りだが、タイアが細い分、ワイドホイールの1750や2000と比べて接地感は薄い。全体の洗練度は明らかに後期型の方に分がある。

1750の車内に一歩踏み込んだ瞬間、贅沢にして今もカリスマ性を放つインテリアが迎えてくれる。クロームとウッド。深いフードの奥に位置するメーター。愛好家のハートを熱くする室内だ。ストロークの長い1750は1570ccエンジンほどのびやかではないが、スムーズでトルキー、しかも燃費がよく、交換条件としては悪くない。105シリーズのクーペに共通した美点として、腰の高いベルリーナよりロールは抑えられており、正確なハンドリングはあらゆるドライバーを満足させる。スピードが高まるにつれて、クルマとドライバーとの一体感が高まる。ステアリングは軽くなり、ホイールの挙動を逐一伝えてくる。乗り心地は歩むようなペースでこそ硬いが、スピードが乗るにつれて角が取れていく。渋滞のなかで頻繁に操作するには重いクラッチも、ひとたびオープンロードに出れば絶妙の踏み応えとなる。

中古車市場ではGT 1300ジュニアに巡り会うチャンスもある。出来のいいシャシーはほかのクーペと共通だが、小排気量エンジンによるパワーデリバリーは大いに異なる。排気量の大きな

スパイダー4R ザガート

スパイダー4R ザガートは、現代のメカニカル・コンポーネントを用いて1930年代の名車アルファ・ロメオ1750を再現しようという、イタリアの自動車専門誌『クワトロルオーテ』の発案から生まれた。ベースとなったのはジュリアのシャシーで、主要なコンポーネントもジュリア用が使われた。一方、ボディはザガートが昔通りの方法で製作し、通り一遍のレプリカなど足もとにも及ばない、オリジナルに忠実なボディができあがった。前に倒れるウィンドシールド、上辺を切り欠いたドア、取り外し可能なサイドスクリーン、荷物が積める中空のテールなど、オリジナルの魅力を引き継いだだけでなく、スーパーチャージャーで過給された戦前のワークスマシーンに匹敵する動力性能も備えていた。しかしジュリエッタSSとほぼ同じという高価格車で、しかも普段の足に使うには不便が多いとあって、1966〜68年のあいだに92台が作られたに過ぎない。

恥ずべき贋物か、はたまたアルファの栄光の時代を振り返る価値ある試みか。スパイダー4R ザガートはジュリアのシャシーをベースに、1920年代後期から30年代序盤に活躍したクラシック・アルファを模したボディを載せている。(LAT)

兄貴ほどトルクバンドが広くない分、1290ccエンジンはとことん回すことを要する。交通量の多いなかの瞬発力ではハンディを感じるかもしれないが、郊外の道路に出ると俄然生気を帯びる。小排気量アルファの常として、GT1300ジュニアもドライバーに持てる力を使い切ることを求める。ただしドライバーに回せ回せとせがむツインカムに気をよくして、オーバーレブさせないよう注意しよう。排気バルブの焼き付きに泣いたドライバーは少なくない。

それでは2000GTVが際立つ余地はあるのだろうか。最後に登場したこのモデルこそ"真打"なのだろうか。インテリアに関してはそうとは言えない。デザインが作為的で、クォリティもやや落ちるようだ。しかしひとたび走り始めると2000は光る。中速域のトルクが厚いので各ギアの守備範囲が広く、リラックスした運転ができる。タイトコーナーの脱出時にトラクションがぐいとかかるのはLSDのおかげだ。前後二重回路のサーボつきブレーキによる安心感は乗ってすぐ感じる。長距離を快適にこなすツーリングカーとしての資質は、排気量の小さな妹たちより一枚上手である。一方、快適な乗り味と、もっと踏めとドライバーをけしかける主張の強さがほどよく混ざったキャラクターを求めるなら、1570ccのジュリア・スプリントか1750GTVにとどめを刺す。はたまた、常にレブカウンターの針をリミットの一歩手前で張りつかせるストイックなドライバーにとって、1300ジュニアが突きつけてくるチャレンジは堪らない魅力だ

アルファのレース活動を支えたTZとTZ2

アルファ・ロメオはその歴史を通じて、レース活動の多くをプライベートオーナーの力に委ねてきた。ワークスのレーシングマシーンを製作する予定が立たないときには、レース指向の強い完成車やコンポーネントを市販したり、カロッツェリアと協力してレースに照準を絞ったモデルを提供した。ジュリアTZはその好例である。

1962年に排気量が一回り大きなエンジンを搭載されて、ジュリエッタ・スプリントとスパイダーが一夜にしてジュリアに変わったのをよそに、ジュリエッタSZだけは独自の道を歩んだ。当時ザガートのチーフデザイナーだったエルコーレ・スパーダは、大きなエンジンに載せ替えるのではなく、空力設計を徹底的に煮詰める方法を採り、丸い形状をしていたSZのテールをすっぱりと裁ち落としたコーダトロンカ形状に改めた。こうして1961年夏に後期型SZが登場する。

SZの発展型ジュリアTZは1963年に登場した。TZのTはTubolare（＝管状の、鋼管）の、Zはザガートの頭文字だ。トゥボラーレの名は、鋼管を組んだスペースフレームがボディパネルを支えるからだとよく言われるが、これはTZに限らずザガートのボディならどれにも当てはまる構造である。ザガートがトゥボラーレと命名したのは、ボディを輪切りにした断面がほぼ楕円形を描くからだとも考えられる。リアホイールアーチを越えるあたりから徐々にすぼまっていくボディは、後期型SZをお手本にしたコーダトロンカのテールに連なる。そのテールを見ると、底辺の上に楕円を3つ配したボディの横断面形状がよくわかる。なおTZはリアにコイルスプリングとウィッシュボーンからなる独立式サスペンションを備える点でも、ジュリア系クーペとは一線を画する。

アルミ外皮と固定のプラスチック製ウィンドー（三角窓が開閉するのでいくらかの通風は確保できた）などの成果で、TZは650kgという軽量に仕上がった。生産型標準仕様はジュリア・エンジンの112bhp版を搭載し、217km/hの最高速と、0－60mph加速7.5秒を誇った。全部で112台が製作されてGTのホモロゲーションを得たTZは、1964年だけでもセブリング12時間、トゥール・ド・フランス、タルガ・フローリオ、ルマン24時間、クープ・デ・ザルプ、トゥール・ド・コルスの1600ccクラスで勝利を積み重ねていった。

TZの開発が進むちょうどそのころ、ワークスのレース活動は徐々にアウトデルタに移管されつつあった。そして1965年、体勢整ったアウトデルタがエントリーしたのが、TZの進化型TZ2である。一段と低く構えたボディの外皮はFRP製になり、11.4の圧縮比や170bhpの最大出力に示されるように、さらに先鋭的なチューンのエンジンを搭載した。TZ2を12台揃えたアウトデルタは、ヨーロッパ各地のレースで幾多のクラスウィンをもたらすのである。

8. THE GIULIA, 1750 & 2000 BERTONE COUPÉ

コーダトロンカ形状がレースでも実効があることを後期型SZで知ったザガートは、さらに空力特性を高めたジュリアTZ（TZ2が登場して以降はTZ1と呼ばれることもある）をサーキットに送り込んだ。(Alfa Romeo archives)

滑らかな曲面からなるボディに包まれた下のTZは、1965年にアグレッシブなラインを描くTZ2（左）に主役の座を譲る。エンジンはドライサンプ化されて搭載位置が低くなり、デュアルイグニッション、大径バルブなど高度なチューンが施された。(Alfa Romeo archives)

113

ALFA ROMEO Always With Passion

シンプルなラジエターグリルとハブキャップを備える1750GTVは、サラブレッドの血筋を静かに語る。このオーラは2000GTVになってやや影が薄くなった。(LAT)

　さまざまなバリエーションを生んだスプリントGTクーペは、アルファの誇りだった。販売も好調だったし、広い年代層から支持され、このモデルから忠実なアルファ信奉者が数多く生まれた。普段はシニカルで、歯に衣着せぬ酷評で鳴らすジャーナリストですら幾多の賛辞を寄せた。GTVを試乗した『カー&ドライバー』誌は手心加えることなく些細な欠点を指摘しながらも、試乗記の最後の部分でこのクルマの素晴らしさを雄弁に称えている。以下に引用しよう。
「(GTVは)隠し立てのないクルマだ。ろう。つまりは好み次第というわけだ。ドライバーはサスペンションとタイヤの動きを五感で感じ取る。エグゾーストノートと、チェーン駆動DOHCが発するメカニカルノイズの抑揚に応じて、ドライバーのアドレナリンの分泌量も上下する。4000rpm。エンジンが本領を発揮する回転域に向かいつつあり、パワーが激しい流れとなって押し寄せるのを予感する。あなたはただクルマに乗っているのではない。GTVと一体になってドライブしているのだ。ときにドライバーとクルマとのあいだで厳しい要求をぶつけ合うパートナーシップ。それが無限の満足感をもたらすのである」

バイヤーズ・ガイド

ベルトーネ・クーペ

1 後期型クーペは、美しいラインと比例するかのように耐腐食性が落ちている。傷んだ個体には入念な注意を要し、レストアを完成させるには事前に盤石の体勢を整える必要あり。かなりの点数のリペアセクションが手にはいるのはせめてもの救い。

2 ボディの下に潜り、バルクヘッドとフロントシャシー・レグとの接合部をチェック。ラジエター下のフロントクロスメンバーがチェックポイントなのは、ジュリア／1750／2000 ベルリーナと同じ。車内では、フロントのジャッキアップポイント付近のフットウェルに穴が空いている場合あり。

3 前後スカート、前後フェンダーボトム、ドアボトム、リアホイールアーチ、サイドシルは錆に弱い。初期型スプリントとデュエット／スパイダーに共通する弱点が、アルファの盾形グリル。これにはAピラーとフロントフェンダーの後部を保護する役目があるのだが、却ってここに路面の泥が溜まって、保護すべき部分をひどく腐食させる原因になっている。

4 前後ウィンドー周辺とドアのインナーフレーム（ここの作り直しは容易ではない）はひどく腐食する。オーナーにとってとどめの一撃はドアハンドル。周辺のメタルが腐って脱落することがある。

5 トランクリッド、スペアホイールを納める凹部も錆びやすい。

6 機械部分の弱点はおおむねジュリア・ベルリーナと同じ（つまり前後独立回路のブレーキでは、作動不良に注意）。リアスプリングはへたりやすく、リア足回りのしゃっきり感がなくなる。前オーナーが習慣的にハードに走らせた個体では、ダンパーがダメになっている場合がある。リアラジアスアーム用ブッシュと、アクスルを位置決めするTブラケットの剛性低下もしくは摩耗に注意。最後の2点はクーペとスパイダーによく現れる症状だが、ジュリア／1750／2000 ベルリーナにも当てはまる。

7 どういうわけか、初期型 1750 ではシリンダーライナーのずり落ちが原因で、ヘッドガスケットにトラブルを起こすケースが多いようだ。

8 ゴムマットなど、内装パーツはイタリアのサプライヤーからオリジナルを入手できるものもある。

9 GT ジュニア／1750GTV／2000GTV の交換用ヘッドライトは探すのが困難だ。模造品もあるがオリジナルに忠実ではない。

モントリオール

1 モントリオールは限定生産モデルだが、一般に思われているほどレアではない。事実、英国内には 100 ～ 130 台が現存し（そのうち半分が RHD）、一部の大量生産アルファより見つけやすいほど。

2 "レースが育ったV8パワーユニット"だが、恐れるには及ばない。モントリオールのエンジンはストレスが小さいし長寿命だ。しかも大抵の個体は走行距離が少ない。スペアパーツも問題なし。いろいろな噂が耳に届くかもしれないが、惑わされてはならない。

3 ギアボックスは頑丈な ZF 製。同じタイプが英国車ならサンビーム・ロータスや、ボクスホール・"ドループスヌード"・フィレンザにも採用されている。

4 機構部分には改良パーツを組み込める余地が残っている。BMW の 4 ポット・フロントブレーキ、ハーヴェイ・ベイリーのサスペンション・キット、改造したトランジスター・イグニッションなどを備えた個体に出会うことがあるだろう。アルファ・ロメオ・オーナーズクラブのモントリオール・レジスターは、モントリオールをアップデートするのに有効な情報源となる。

5 機械式燃料噴射は素人の手に余るが、きちんとセットアップすればトラブルのもとにはならない。

6 シャシーは 105 シリーズのジュリアなので、パーツは手に入る。

7 サイドシル、ホイールアーチ、フェンダーボトムは錆の多発部位だ。モントリオール・レジスターではリペアパネルが手に入るし、フロントフェンダーも再生してくれる。

8 英国内にある個体はほとんどがモントリオール・レジスターに登録されており、頼めば検索してくれる。貯金を崩す前にクラブに入ろう。

ALFA ROMEO Always With Passion

Alfa Romeo
Alfasud
アルファ・ロメオ アルファスッド

オリジナルのアルファスッド4ドアベルリーナ。装飾パーツは皆無に近い。（Alfa Romeo archives）

　1970年代前半までにアルファ・ロメオはその卓越した技術力と開発能力を活かして、戦後初のモデル、1900に端を発する一連のモデルを市場に送り出してきた。ジュリエッタ、ジュリア、1750、2000へと、スムーズに次世代へとバトンが渡され、その間に紛う方なきアルファ・ロメオのコンセプトが受け継がれてきた。栄光に輝くシリーズ最終型、2000が好評をもって市場に受け入れられたちょうどそのころ、これとは別のアルファ・ロメオが姿を現そうとしていた。半ば神格化された同社の伝統、その束縛から解き放たれた初のモデルが生まれようとしていた。

　インスピレーション溢れる設計で小

9. ALFA ROMEO ALFASUD

Alfasud 1972-1976

エンジン：	水平対向4気筒
ボア・ストローク	80 x 59mm
排気量	1186cc
出力	63bhp

トランスミッション：	4段MT
終減速比：	4.11:1

ボディ形式：	4ドア・セダン

性能：	
最高速度	152km/h
0-60mph (97km/h)	15.5 秒

全長：	3890mm
全幅：	1590mm
全高：	1370mm
ホイールベース：	2455mm

Alfasud TI 1974-78

下記を除きアルファスッド・ベルリーナに同じ：

トランスミッション：	5段MT
最高速度	161km/h
0-60mph (97km/h)	14.2 秒
ボディ形式：	2ドア・セダン

Alfasud 5m 1976-78

下記を除きアルファスッド・ベルリーナに同じ：

トランスミッション：	5段MT
最高速度	155km/h
0-60mph (97km/h)	17.1 秒

Alfasud 1300 Super 1977-79

下記を除きアルファスッド・ベルリーナに同じ：

ボア・ストローク	80 x 64mm
排気量	1286cc
出力	68bhp
トランスミッション：	5段MT
最高速度	98mph (157km/h)
0-60mph (97km/h)	12.8 秒

Alfasud 1300 TI 1977-78

下記を除きアルファスッドTIに同じ：

ボア・ストローク	80 x 64mm
排気量	1286cc
出力	76bhp
最高速度	169km/h
0-60mph (97km/h)	11.7 秒

Alfasud Sprint 1.3 1977-1978

下記を除きアルファスッド1300TIに同じ：

ボディ形式：	2+2 クーペ
全長：	4020mm
全幅：	1620mm

Alfasud Super 1.3 1978-83

下記を除きアルファスッド1300スーパーに同じ：

ボア・ストローク	80 x 67.2mm
排気量	1351cc
出力	71bhp
最高速度	159km/h
0-60mph (97km/h)	12.8 秒

Alfasud Super 1.5 1978-1983

下記を除きアルファスッド・スーパー 1.3 に同じ：

ボア・ストローク	84 x 67.2mm
排気量	1,490cc
出力	84bhp
最高速度	165km/h
0-60mph (97km/h)	11.7 秒

Alfasud Sprint 1.5 1978-79

下記を除きアルファスッド・スプリント 1.3 に同じ：

ボア・ストローク	84 x 67.2mm
排気量	1490cc
出力	84bhp
最高速度	170km/h
0-60mph (97km/h)	11.4 秒

Alfasud 1.5 Sprint Veloce 1979-1983

下記を除きアルファスッド・スプリント 1.5 に同じ：

出力	95bhp
最高速度	175km/h
0-60mph (97km/h)	10.8 秒

Alfasud Sprint Quadrifogilo Verde 1983-84

下記を除きアルファスッド・スプリント 1.5 ヴェローチェに同じ：

出力	105bhp
最高速度	185km/h
0-60mph (97km/h)	10.3 秒

Alfasud TIX 1.5 1983-84

下記を除きアルファスッド 1300 TI に同じ：

ボア・ストローク	84 x 67.2mm
排気量	1490cc
出力	95bhp
最高速度	173km/h
0-60mph (97km/h)	10.1 秒
全長：	3978mm
全幅：	1616mm

注：上記の寸法は、ハッチバックの全バージョンとTIの1981〜1983年モデルに適応。他の部分については変更なし。

生産台数：

アルファスッド・ベルリーナ, 5m, 1300 スーパー, スーパー 1.3, スーパー 1.5　　715,170

アルファスッド TI, 1300 TI, TIX 1.5　　185,665

アルファスッド・スプリント 1.3, スプリント 1.5, 1.5 スプリント・ヴェローチェ, スプリント・クォドリフォリオ・ヴェルデ
　　102,053
(84年3月まで)

ALFA ROMEO Always With Passion

オリジナル・アルファスッドの簡潔にして機能的なインテリア。他のアルファ・モデルとの関連性はなく、これを見ただけでは素晴らしいハンドリングとパフォーマンスをうかがい知ることはできない。(Alfa Romeo archives)

型FWDアルファを生んだオーストリアのエンジニア、ルドルフ・フルシュカはサラリーに見合う仕事を成し遂げたといって間違いない。遠く1930年代にシュトゥットガルトのポルシェ設計事務所で、KdFワーゲン（初代ビートル）の設計に加わったフルシュカだけに、エンジンにフラット4を選んだのは自然な成り行きだったのかもしれない（ただし搭載位置はリアではなくフロントだ）。しかしこのエンジンはアルファ伝統の手法とはほとんど共通点のない設計だった。ベルト駆動のカムシャフトが2本ではなく1本だし、バルブはV字形ではなく一列に並ぶ。

ビートルのフラット4との相違点も少なくない。まず冷却方法は水冷だ。80mmのボアに対してストロークが59mmと超オーバースクエアなボア・ストロークから1186ccの排気量を得ている。ストロークを短くしたのはピストンスピードを抑えるのが目的だ。クランクケースと左右のシリンダーブロックは鋳鉄の一体構造で、3個のベアリングで支えられるクランクシャフトはエンジン底の開口部から挿入した。

シリンダーヘッドはアルミ製。ピストン頂部を凹面形状に抉り、並列する吸排気バルブの傘裏部分との空間を燃焼室に充てるヘロンタイプである。なおピストン自体は、スカートの短いスリッパータイプが採用された。カムベルトとオルタネーターベルトはエンジンの前側に、ギア駆動のオイルポンプとディストリビューターは後ろ側にマウントされる。混合気を供給するのは、エンジンの上に置かれたシングルチョークのキャブレター1基で、各気筒独立型の吸気マニフォールドでシリンダーに結ばれている。当初のスペックでは8.8の圧縮比から63bhpの最大出力を発揮した。

パワーは4段フルシンクロ・ギアボックスに伝えられる。ギアボックスはダイアフラム式クラッチとデフもろとも、エンジン後方に位置するアルミ製ケーシング（中央線で2分割される）に収められ、このケーシングの後部に固定された長いエクステンションが、エンジン最後部の支持ポイントになっていた。

デザインで成功したアルファスッド

ジョルジェット・ジウジアーロがデザインしたボディは軽量コンパクトで、ボンネットを低くできるフラット4のメリットを活かし、空力面でも優れていた。サイドメンバーとセンターバックボーンからなる頑丈なセンターセルがパッセンジャーコンパートメントを形成する。ラミネートガラスを用いたウィンドスクリーンはボディに接着剤で固定され、それ自体ストレスメンバーとして働く。なおボディ前後にはクラッシャブルゾーンが設定されるのに加えて、エンジンとトランスミッションのマスは、パッセンジャーコ

ンパートメントに侵入する前に、衝突時の膨大なエネルギーを吸収するように設計されている。

エンジンベイ後部とダッシュボードに挟まれた、深い箱形断面のクロスメンバーはその形状からエンジニアの間では"バスタブ"と呼ばれており、左右フロントサスペンションのマウント間に生まれるねじり応力に対して高い剛性を発揮した。さらに後席とトランクに挟まれたもう1本の深い箱形断面のクロスメンバーも剛性を高めていた。

二重回路のブレーキは安全性を高める特徴のひとつだ。ひとつの回路は4輪に、もうひとつは前輪のみに効き、どんな場合でも制動力の70％が確保された。なおパーキングブレーキは前輪に効く。

フロントサスペンションは後傾したマクファーソンストラットを、トレーリングビームで前後方向の位置決めをしている。スタビライザーが備わる。フロントディスクはインボードマウント。リアはコイル／ダンパー・ユニットが、鋼板を溶接したリジッドアクスルを吊っている。横方向は長いパナールロッドが、縦方向は左右に備わる変形ワッツリンクが位置決めする。このワッツリンクを変形と呼ぶのは、サスペンションに負荷がかかるとアクスルがねじれる構造になっているからで、このためリアにはスタビライザーが必要なかった。

かくして1971年11月、アルファスッドの名のもとにアルファの新世代小型車はデビューする。スッド（Sud）とは南の意味で、生産拠点を表す。詳しくは別項をお読みいただくとして、ここではその後の反響へと話を進めよう。ひとたび発表されるや、これまでアルファが守ってきたクルマ作りの定石から、

1.2 tiのエンジンベイに収まったフラット4エンジン。(LAT)

ALFA ROMEO Always With Passion

標準のアルファスッド（左）とやや上級指向のアルファスッドL（右）。後者はグリルを水平に走るクロームのバーによって識別できる。（Alfa Romeo archives）

アルファスッドがいかに外れているかが明らかになった。これはアルファの名にふさわしい走りを備えたクルマなのか、だれにとっても推測の域を出なかった。しかしアルファスッドは見事に期待に応えて見せたどころか、項目によっては予測を十回る見事な出来映えで周囲を驚かせた。

上首尾の設計、しかも開発の余地を充分に残した設計なのはだれの目にも明らかだった。車重は830kgと軽い。従来モデルを引き合いに出すと2シーターの2000スパイダーよりおよそ20%も軽く、パワー・ウェイト・レシオはジュリエッタTIより良好だ。最高速は150km/hに達し、3速でも128km/hまで伸びる。しかしアルファスッドのもっとも強力な切り札にして、疑いの目で見る者への最大のサプライズは秀逸なハンドリングだった。

英国市場に登場した1973年、『オートカー』誌は「アルファスッドはFWDのハンドリングに新たなスタンダードを打ち立てた」と書いている。巧妙なサスペンション・ジオメトリーと小さく抑えられたロールの恩恵で、FWDによく見られる駆動系と操舵系の干渉が一切ないと評価して、次のように言い切る。「ハンドリングは他のどのアルファより優れている（そのこと自体に大変な意味がある）だけでなく、競争熾烈なこのクラスに属するあらゆるファミリーサルーンを大きく引き離している。アルファスッドほど自信をもってコーナーに飛び込み、吸い付いて離れようとしないグリップで路面を捉えるサルーンを私たちは思いつけない」

褒めちぎったのは『オートカー』だけではなかった。『モーター』は「FWDでしかもかなり前輪荷重が大きいことを考えるとハンドリングがニュートラルなのは驚くばかり」と賞讃した。一方、

オリジナル設計の数少ない欠点も指摘された。例えば4段ギアボックスのレシオの配分。まるでRWD車のようにキャビンのフロアを走るトンネル（剛性向上のため）。しかもこのトンネルが中央からオフセットしているせいで、RHD版では窮屈なペダル配置。仕上げとビルドクォリティで水準以下の部分があること。

ハードウェアとしてのアルファスッドはほぼ満点の出来だったが、南伊太利亜に新設した工場の生産設備が、稼働を始めてすぐに心配の種になった。需要は急上昇しているのに、生産が追いつかないのだ。工場で働きたいという応募者は14万人に上り、2万人が面接を受けた。そのうち1万人が採用になり、プロジェクトは発進した。立ち上がりは日産70台、その半年後には500台に、発表から1年後にはフル生産体制で日産1000台に乗せる予定だった。

その思惑は大きく外れた。労働者による慢性的な就労拒否が大きな障害になり、おざなりなクォリティコントロールが問題に輪をかけた。不慣れな工具でも組み立てられるように設計されていたにもかかわらず、生産ははかどらなかった。さらに当時の他のアルファにも共通する弱点が明らかになる。錆だ。アルファスッドは普通より薄いパネルをボディに使っていた。しかもコストの安いリサイクルスチールに大きく依存していたことが問題を深刻にした。分子構造が異なるスチールを併用すると錆に弱くなる。冬のヨーロッパでは路面に塩をまくし、折しも大きな環境問題になって

小型ながらエレガントなアルファスッド・スプリントがラインナップに加わった。これはデビューした1976年のモデル。（Alfa Romeo archives）

1.3ℓ エンジンを搭載した 1978 年のアルファスッド・スーパーのインテリア。(LAT)

いた酸性雨も大敵になった。

　こうした問題を抱えていては、せっかくの可能性も開花する前に芽を摘まれかねなかったが、アルファはこのときすでにこのクルマの魅力と秘めたるパフォーマンスを最大限に引き出す大がかりな開発計画を進めていた。こうして 1973 年 11 月に登場したのが 2 ドアの ti (トゥリズモ・インテルナツォナーレ) である。圧縮比が 9.0 へとわずかに高まり、キャブレターはシングルからツインチョークに変わるなどして、最大出力は 68bhp ネット (グロスでは 79bhp) になった。前後のスポイラーと丸目 4 灯ヘッドライトが外観上の特徴だ。室内では、ダッシュボード中央に小径のメーターが追加になり、スポークの中央部分を切り抜いたスポーティなステアリングが備わった。また、向上したパワーを使い切れるようにギアボックスが 5 段になり、最高速は 160km/h に達した。アルファスッドの優れたハンドリングは、一層魅力的なパッケージと一体になったわけだ。

　ti はオリジナル・アルファスッドの発表 1 周年とタイミングを合わせて登場した。計画ではこのころまでに 17 万 5000 台が作られているはずだったが、実際の総生産台数は 7 万 8000 台に過ぎなかった。生産実績が予定よりはるかに遅れていることを如実に示す数字だ。それでも同社技術陣はアルファスッドのパフォーマンスと魅力をさらに高める努力を止めようとはしなかった。1974 年 5 月に登場した SE (スペシャル・エクイプメント) はベーシック版に向けられた批判に正面から取り組んだモデルである。

　SE は 4 ドア、4 段ギアボックス、シングルチョークのソレックスなどはオリジナルスペックのままに、ti の高圧縮比を取り入れたほか、前席ヘッドレスト、

熱線入りリアウィンドー、シガレットライター、レブカウンター、ラミネートガラスを用いたウィンドシールドなど一連のグレードアップを施したモデルだ。どれも当を得た改良だったが、オーナーには不満が残った。一例を挙げよう。開けた状態でトランクリッドを支えるダンパーがなかったので、荷物の出し入れの際、リッドはルーフにもたせ掛けるしかない。不便なばかりか、塗装を傷める不備な設計はそのままだった。

1975年1月、アルファスッドLが登場して進化の道をもう一歩進む。中央がゴム張りのカーペット、クロームのバンパーオーバーライダー、サイドウィンドー周囲を囲むクロームストリップなどが備わるが、やはり設計の根幹にかかわる欠陥にはほとんど手つかずのままだった。パッセンジャーコンパートメントのフロアを走るセンタートンネルがいい例だ。剛性を向上させるトンネルが中央からオフセットしているせいで、RHD版ではペダルが窮屈に寄り添っており、細身の靴でないとヒール＆トゥの際ブレーキとスロットルを踏むつもりでクラッチとブレーキを同時に踏んでしまう危険がつきまとった。しかしオフセットしたセンタートンネルは、生産終了までついぞ修正されなかった。

接着固定のウィンドスクリーンにまつわる問題を解決するのも時間がかかった。この工程ではスクリーンの位置決めにきわめて高い精度が求められるのだが、地元雇用の工具には1台ずつ正確にこの作業をこなせないことが、時間が経過するにつれて明らかになっていた。代わりに通常のラバーシールを用いることも考えられたが、この方法ではウィンドスクリーンがボディのストレスメンバーとして機能しない。基本設計を見直さない限り、取りつけ方法を変えるわけにはいかなかったのだ。

1973年10月に勃発した第四次中東戦争により原油価格が高騰した結果、

アルファスッドが生まれた政治的背景

アルファスッドはアルファ・ロメオの既存モデルのどれよりも小さくて、機構上の成り立ちもまったく異なるクルマだった。しかもイタリア自動車産業の拠点である北部に位置するアレーゼやポルテッロ工場ではなく、南部のナポリからほど近いポリミアーノ・ダルコに新設された専用ファクトリーで生産された。従業員はこれまで自動車など組み立てたこともない素人ばかりを地元で採用した。ラインに立たせる前に、会社は必要な技術を一から教え込んだのだった。

ことほどさように急進的かつ野心的なプロジェクトだった。大義名分のもと、とてつもないリスクをかけたプロジェクトだ。アルファが所有していたその工場は、戦争中は航空機のエンジンを、戦後は航空機用エンジンとディーゼルのコンポーネントを製造していた。その跡地にまったく新しいファクトリーを建設し、ゼロから新設計の小型車を製造するというのだ。建設計画は1968年にスタートした。イタリア南部の経済を振興し、慢性的な失業問題を緩和するため、南部でビジネスを始める企業には政府から助成金が支給された。事実上の国営企業だったアルファ・ロメオは、否応なしにプロジェクトに参加する。それまでのアルファは愛好家に向けて高性能な製品を、やや高めの価格で販売する中規模の自動車メーカーだったが、新工場完成の暁には生産量が桁外れに増えるはずだった。

同社首脳陣が怖じ気づくような数字が掲げられた。生産は従業員5000人で始まるが、そのうち90％はナポリ周辺の出身だ。最終的な生産目標は日産1000台で、これが達成されるころには従業員数も1万5000人に増やす。言葉を換えて言うなら、小さなアルファスッドは市場価格よりやや高めの値が付けられ、それでも売れるだけの商品力を備え、年間35万人以上の顧客を獲得することが前提条件だった。現行モデルすべてをひっくるめてもこの数字の4分の1ほどにしかならない企業に、こうした数字が突きつけられたのだった。

つまりアルファスッドの設計には一切の冒険は許されなかった。プロジェクトの成否がかかった製品の設計を託されたのはオーストリア人のルドルフ・フルシュカ。戦前はフェルディナント・ポルシェの指揮の下、初代VWビートルの設計にかかわり、戦中はドイツ軍のタイガー戦車の開発に携わった。戦争が終わると、ポルシェ博士の身柄受け戻しに必要な資金を作るために、フェリー・ポルシェと組んでチシタリア・レーシングカー・プロジェクトに参画する。老ポルシェは、収容所の捕虜に強制労働を強いた罪を問われてフランスで幽閉されていたのだった。フルシュカは1900やジュリエッタの生産化に腕を振るった後、シムカとフィアットに移籍するが、アルファスッド・プロジェクトの魅力に引き寄せられてアルファに復帰した。

ALFA ROMEO Always With Passion

アルファスッドのプロジェクトは根本的な方向転換を強いられる。これまでのアルファスッドは上級市場から意図的に距離を置いて、アルファ伝統の魅力をあえて前面に押し出すことをしてこなかった。このクルマが人気を得たのは、高い水準のハンドリングが適度な動力性能と両立していたからで、それ以上でも以下でもなかった。しかし石油危機のあおりで既存のアルファ・モデルの販売が甚大なダメージを被った以上、アルファスッドの位置づけはリスクを伴う新規開発プロジェクトから、企業としてのアルファを救う救命ボートへと変わった。同社がこの危機を乗り越えられるかどうかは、ひとえにアルファスッドにかかっていた。アルファは生き残りをかけて、このクルマを熱心なドライバーが待ち望む、スポーティかつ快適なモデルへと変えていくのである。

1976年秋、アルファはアルファスッド・スプリントを市場に導入し、財政面での盛り返しに繋がる新たな道で、大胆な第一歩を踏み出す。スプリントは初期型ベルリーナのフロアパンとランニングギアを流用していたが、ジウジアーロがデザインしたまったく新しいクーペボディを載せていた。ベルリーナと共用するボディパネルは1点もない。全体として、やはりジウジアーロがデザインしたVWシロッコと、これに先だって出展したアルフェッタGTのプロポーザルとの中間を行く形をしていた。フラット4の低い全高を活かしたベルリーナより一段と低いボンネットラインは、ノーズに向かって絞り込まれている。

スプリントはスッドの標準モデルより94mm長く、30mm広く、64mmも低い。フロントシートのレッグ／ショルダールームはたっぷりしているが、長身の乗員にはヘッドルームがかなりきつく、とりわけ後席の頭上空間はミニマムだ。一方、エレガントなクーペスタイルにもかかわらず、トランクの広さはベルリーナとほとんど遜色がなかった。充分に幅を取った実用的なセミテールゲートを備えるうえ、荷物の出し入れの際じゃまにならないように、2本のガス封入式ストラットがゲートを支えた。

一方、妥協せざるを得ない部分もあった。トランクを大きく取ったうえで車体後部の剛性を確保するため、箱形断面メンバーの一部であるリアパネルはそのまま残すしかなかったので、荷物の出し入れはリアパネルの上までいった

1982年のクアドリフォリオ・ヴェルデ・スプリント。(LAT)

ん持ち上げる必要がある（ベルリーナはトランクリッドがバンパーの高さから開いた）。トランクそのものは箱形で使いやすいのだが、やはり剛性確保のためキャビンとの間を仕切る壁も固定である。だからセミハッチバックとはいえ、後席を畳むとトランクと一続きになる、小さなワゴンにはならなかった。

インストルメントパネルもスプリント専用で、スピードメーターとレブカウンターがドライバー正面に、その両側に油圧計と水温計が備わった。シートは布張りで、フロアにはカーペットが敷かれる。広いガラス面積のおかげで室内は明るく、開放感に溢れていた。ただしこれらの装備品と長いノーズ、テールに追加した補強材のため、ベルリーナより車重は80kgほど増えた。

スプリントの名前にふさわしいパフォーマンスを実現するため、ストロークを59から64mmに伸ばして排気量を1186ccから1286ccに拡大した。キャブレター、圧縮比、バルブタイミングはtiのスペックを流用した。そこから得た最大出力は76bhp／6000rpm。空力面で有利なスプリントのボディを163km/hまで引っ張るには充分な数値だ。

1286ccエンジンが加わってベルリーナのラインナップは目まぐるしく変化する。1976年9月、ベースモデルのベルリーナに5段ギアボックスを装備した5mが生まれて、Lに取って代わる。さらにスプリント用エンジンを搭載した4ドア版の5mは、1300スーパーと名づけられた。これはオリジナルti（68bhp）のパワーを、はるかに良好な燃費で楽しめるモデルだった。

こうなると各モデルの位置づけが厄介で、特に英国市場では混乱を来した。スプリントの販売が英国で始まった1977年、価格は1300スーパーの1000ポンド増しの3000ポンド弱だった。顧客は格好のいいクーペこそ手に入れたが、プレミアムに見合うほど性能はジャンプしていなかった。そこでアルファはボアを80から84mmに、ストロークを64から67.2mmにして、排気量を1286から1490ccへと拡大、85bhp／5800rpmに強化する。このエンジンを搭載したスプリント1.5の最高速は、168km/hへとわずかに向上した。

パフォーマンスの向上で頻繁なギアチェンジから解放

1976年11月に1.3スプリントをテストした『モータースポーツ』誌は「5段ギアボックスを駆使しない限り、なるほどと思える加速力は得られない」と書いている。その1年後、同じエンジンを積んだ1300tiをテストした『モーター』誌の意見は違う。「静止からの出足、上位2段のギアの加速力、低回転域での挙動、どれをとってもこのエンジンが最適だとわかった」スプリント1.5に乗った『オートスポーツ』誌はこう評した。「パフォーマンスは見違えるほど向上し、ドライバーはギアレバーをあくせく操作する作業から解放された。トルクカーブが頭に入っているドライバーなら、有効な回転域からベストの加速力を引き出せる。その一方で、特に急がないなら、この1.5ℓエンジンは高いギアのままでもそこそこ鋭い加速力を発揮する」

エンジンの選択肢が増えて派生モデルが多数現れたのに輪を掛けるように、オリジナルのボアに1490cc版のロングストロークを組み合わせた中間サイズの1351ccエンジンが登場する。このエンジンを搭載したスーパー1.3は、オリジナルモデルと同じキャブレターと圧縮比から71bhpと149km/hの最高速を発揮した。またこのエンジンを2ドアボディに積んだti 1.3は、ti専用の高い圧縮比とツインチョーク・ウェーバーにより79bhpと157km/hの最高速を発揮した。

1490ccエンジンを4ドアと2ドアに搭載したベルリーナは1.5スーパーと呼ばれた（84bhp）。スプリント1.5クーペと同じスペックのベルリーナはti 1.5と呼ばれた（85bhp）。これら一連のモデルの下位に位置するのがオリジナルの1186ccエンジンを積んだ4ドアで、今ではシンプルにアルファスッド1.2と呼ばれた。

この間、外観の変化はごく少なく、モデルを識別する手がかりとなるリアサイドウィンドーの後端部とルーフライン後端を結ぶストリップが追加になり、オプションでアルミホイールが用意された程度だ。しかしボディの下では延び延びになっていた変革が始まっていた。アルファはようやく、長らくわずらっていた持病である錆の問題に正面から取り組む気になったのだ。

これには詳細にして広範囲に及ぶ計画を要した。塗装する前に、強力なアンダーシール剤を始め、リン酸コーティング、電気泳動、亜鉛クロメート処理を施して長期的に有効な防錆対策を施した。またとりわけ錆びやすいドア、ボンネット、トランクリッド、（そしてどういうわけか燃料注入キャップ）などに用いるスチールには、強い防錆力のある亜鉛コーティングの前処理を施した。

亜鉛処理はドア、ボンネット、トランクリッドの開口部、ウィンドー周囲、室内の空気を吸い出すグリル回りにも施された。パネルの溶接部には合成樹脂製のシーラントを充填して、狭いすき間に塵埃や湿気が侵入するのを防ぎ、ボディの箱形断面など密閉された空間には湿気がこもらないよう、ポリウレタンフォームを注入した。さらに金属パーツ同士や、内装材とボディシェルとの摩擦を防ぐのに、ラバーストップ、ガスケットなどの緩衝パーツを用いた。バンパ

1982年に登場した1.5ℓのスプリント・トロフェオ。(LAT)

一、雨樋、外部ドアハンドル、トランクリッドヒンジなどの光沢パーツに、高品質のステンレスが使われたのもようやくこのときからだ。

1980年にはラインナップ全体が最新スペックに更新される。アルファ内部ではこのスペックのクルマをシリーズIIIと呼ぶが、対外的にはこの名前は一切使われなかった。ベルリーナもスプリントも基本フォルムは変わらないものの、スタイリング上の微妙な変更はすべて上級市場への移行を意図している。クロームバンパーは、ボディ側面に回り込んでホイールアーチにまで達するマットブラックのプロテクターになり、フロントバンパーはエアダム一体型に変わり、ドアシル、ホイールアーチ周囲、不用意に開けた際にぶつけやすいドア端部に保護ストリップが追加された。

すべてのモデルにスポーティなホイールが備わり、変形2灯と丸目4灯の両方に、デザインが新しくなった方向指示器が備わって顔つきが変わった。アルファの盾形グリルも両肩が丸く落とされて、ミラノ製アルファと似た形状になった。工場の違いこそあれ、アルファのアイデンティティーに変わりはないことを強調するためだった。ちなみにアルファスッドの登場を機に、同社のエンブレムから"MILANO"の文字が消えている。クルマに話を戻すと、マットブラック仕上げに変わったグリルにははっきりとした横方向のバーが走り、リアのコンビネーションライト・レンズが大型化して、その半分がテールゲートに、残り半分がリアフェンダーに分割された。最後の決め手はテールのエンブレム。一例として、これまでは"Alfasud 1.5"だったのが、"ALFA ROMEO Alfasud 1.5"と、ブランドとしてのアルファを強調するロゴに変わった。

中身でも市場でのプレゼンスを強化するため、1286ccと1490ccと2種類あるスプリントのエンジン両方をパワーアップすることになった。アルファが採った手段はストレートで、ツインチョークキャブレターを2基備え、圧縮比を9.5に高めた。これで1286cc版の1.3スプリント・ヴェローチェは、オリジナルの1490ccよりほんのわずかパワフルな86bhpを発揮、最高速は170km/hを謳った。スプリントといえばその出自はおのずと明らかだとアルファは思ったのだろうか、ベルリーナではブランドを強調しておきながら、スプリントのテールでは"Alfa Romeo"も"Alfasud"の文字も省略して、"Sprint

Veloce 1.3"とだけ記されたエンブレムをつけた。1.5 スプリント・ヴェローチェと呼ばれた1490cc版は95bhp／5800rpmを誇り、高めに設定したトップギアのおかげで快適な高速クルーズが楽しめた。最高速は175km/h、0－60mph（96km/h）加速は11秒以下でこなす。なおアルファの小排気量モデルの常として、1.3は税金とランニングコストの理由から大きなエンジンは要らないと考える顧客層をターゲットとしており、スプリント全体の生産量で占める割合は10％程度に過ぎず、英国には出荷されなかった。

次の駒は1490ccエンジンを積んだ1.5tiベルリーナで、アルファは3種もモデルを揃えた。まずは、ボディスタイルは従来のままで、シングルキャブレターのti。次が改訂版グリルとバンパー、前後にスポイラーを備えるなど新しいスタイルの一部を取り入れたツインキャブレターのti。3番目は完全な新型スタイルとツインキャブレターを備えるヴェローチェだ。実は1.5tiヴェローチェのオーナーには密かな愉しみがあった。明らかに軽いボディを利して、同グレードのスプリントより加速力が少しだけ鋭かったのだ。公表最高速は176km/hだったが、現実には170km/h前後が掛け値のないところだった。

これでもまだ足りないと言わんばかりに、翌1981年、テールゲートを備えたベルリーナを登場させる。大きくなった開口部周辺のフレームを可能な限り強化することで可能にしたのだが、これに伴いリアピラーを無様に太くしなかったところがアルファの美学だろう。この策を講じたうえでリアの箱形断面構造材の上辺を切り取ってU字形の部分だけを残し、リアシートを折りたためるようにした。U字形の左右辺はホイールアーチプレスの内側を辿り、ルーフのアーチと繋がる。そのルーフにはテールゲートのヒンジが備わった。さらにリアエンド全体の剛性を高めるために、ボディ左右にやはり箱形断面のメンバーが1本ずつ追加になった。U字形セクションの左右頭部から下方向に伸びるこのメンバーは、テールゲートの底辺の下を走るクロスメンバーの左右端部に繋がっている。

こうした構成により、エンジニアはミニマムの妥協で理想的なテールゲートを実現した。テールゲート底辺の下にあるクロスメンバーは、充分な剛性の確保に必要なだけの上下高を取ってあるので、荷物の出し入れは"敷居"を越えてせざるを得ないが、折りたたみ可能に

アルファスッドのライバル

シトロエンGSがデビューしたのは1970年10月のパリ・サロン、アルファスッドが登場するほぼ1年前のことだった。ともに1.2ℓクラスのエンジンを搭載した4ドア5人乗りの進歩的なFWDファミリーサルーンであるこの2台は、申し合わせたように似通った成り立ちをしていた。

排気量に対して大きめのボディを載せるのはシトロエンの伝統で、とりわけ長いホイールベースを活かして、広大な室内とトランクスペースを誇った。しかしGS最大の意義はこれまで同社のトップモデルDSにしか備わらなかった、高度なハイドロニューマチック・サスペンションによる快適性と安全性を小型車にもたらしたことにある。高速時の優れた直進安定性、類を見ないソフトな乗り心地、挙動が予測しやすいハンドリング、吸いつくような路面追従性は従来の小型車の水準をはるかに上回ると評価された。GSが登場した当時、4人の家族とその荷物を満載して、快適かつ安全に一日中130km/hで巡航できる小型ファミリーサルーンは他にないとまで言われたが、その1年後にデビューしたアルファスッドは、GSに優るとも劣らない充実した内容をはるかにシンプルな機構で実現させた。この2台は恰好のライバルとなり、70年代のファミリーカーの牽引役を担うのである。

話題を変えて、この項では本文に登場しないアルファスッドに触れておこう。1975年6月にデビューしたジャルディネッタは、ベルリーナのフロントエンドとフロアパンを利用したエステートカーだった。ほぼ垂直に切り落としたテールには、フルに開くゲートが備わる。そのテールゲートを取り巻く箱形断面の構造材のおかげで、ジャルディネッタはリアシルが不要な唯一のアルファスッドになった。7年余りの生産期間中、6000台近くが作られた。

一方、英国のアルファ・ディーラーであるベル＆コーヴィルは、1983年にギャレット製ターボチャージャーで110bhp／5800rpmにパワーアップした1.5tiを市販した。最高速は192km/h、0－60mph加速は9.1秒。5995ポンドの価格は、当時のトップモデルだったスプリントよりずっと安かった。

なった後席にはこれを補うメリットがあった。バックレストを立てた状態のラゲッジスペースは、通常のベルリーナが390ℓなのに対し、剛性確保のメンバーが増えたため340ℓとわずかに小さいのだが、バックレストを畳めば1180ℓという驚くべき空間が現れた。なお箱形断面メンバーの内部は小物入れとして活用され、右側にはジャッキとツールキットが収まる。

1982年5月下旬、5ドアがラインナップに加わったのを機に、モデル構成に若干の手直しがあった。オリジナルの1.2ℓはベーシックな4ドアボディのままだったが、S（スーパー）1.2は68bhpエンジンと5段ギアボックスを備える5ドアで、Sのステップアップ版であるSC（スーパー・コンフォート）は内装が豪華にしつらえてあった。

ミドレンジの1351ccエンジンは3および5ドアボディに積まれたが、グレードはSCのみ。テールゲート・ボディのトップモデルはクアドリフォリオ・オロ（ゴールド・クローバーリーフ）である。tiとスプリントのもっともパワフルなモデルと同じ95bhpの1.5ℓエンジンを積んでおり、コントラストカラーを用いた内装やステンレス製エンドパイプなどのコスメティックな追加パーツから始まり、ヘッドライトウォッシャー／ワイパー、リアウィンドーワイパーなど実用的な装備にいたる多彩な装備品が特徴だった。

tiは3ドアになり、わずかに軽量な分、同じスペックのベルリーナよりわずかながら動力性能が高かった。しかし1982年10月、他のモデルを圧倒するtiの伝統が復活する。クアドリフォリオ・ヴェルデ（グリーン・クローバーリーフ。アルファのワークスレーシングチームが用いた由緒あるエンブレムに由来）の登場だ。専用のキャブレタージェット、改良された吸入パイプとシリンダーヘッド、ハイリフトカムを備えた1490ccエンジンは、ツインキャブレターと9.5の圧縮比と相まって95から105bhp／5800rpmへとパワーアップを果たし、最高速は180km/hに達し、新型アルミホイールに履いたロープロファイルタイアの効用でハンドリングも進歩した。

クアドリフォリオ・ヴェルデのボディは、意図的に他のモデルとは一線を画していた。盾形グリルの外枠はクロームではなくレッドで、ボディのボトム部分をブラックとレッドの2トーンに塗り分ける小技を効かせていた。ボディカラーはブラック、メタリックグレイ、アルファ・レッドの3色のみである。1983年春には同じレシピを使ったスプリントも登場し、ここではサスペンションのセッティングが固められ、ファイナルのギア比が低くなり、他のモデルではクローム仕上げの部分がブラックになった。ただし盾形グリルの外枠は例外で、ベルリーナのtiとは異なり、ボディカラーがブラックのクルマはここが明るいグリーンに、他のボディカラー（メタリック・ライトグリーン、コッパー、シルバー、ホワイト、アイボリー、アルファ・レッド）ではクローム仕上げだった。

先に述べた大々的な防錆対策のおかげで、アルファは錆に対して6年の保証期間を設定するまでになった。初期型の手のつけようもなく進行する錆の問題は完璧に解決したという最終的な証明である。また問題山積だったファクトリーも、稼働が始まった当初と比べて、このころには1回のシフトの生産高が30％も向上しており、シリーズ全体の販売も好調だった。

アルファはベルリーナとtiの生産を1983年12月をもって終える。1.7ℓエンジンを搭載する最終型スプリントもその後しばらく生産されたのち、生産終了となる。きらりとした光を放つアルファスッドは、エンジン、サスペンション、フロアパンはそのままに、ボディだけが新しいニューモデル、33に取って代わられた。33はスッドの美点の一部こそ受け継いでいたが、残念ながら他の部分では期待はずれのクルマだった。

アルファスッドの人気と影響力の強さを思うと、そのモデル数の多さと生産期間の短さにあらためて驚かされる。スッドは一番多いときで20近いバリエーションを数えながら、わずか11年で姿を消した。1984年3月末の時点で、スプリントを含めた総生産台数は100万台を超えた。アルファのそれまでの記録を考えれば立派なものだ。ただしもともとの計画では生産開始から3年後には達成できていたはずの数字ではあるのだが。

乗り味は荒く騒々しいがスピードは申し分ないスプリント1.7

アルファスッドは大きなエンジンに換装されるたびにオリジナルの魅力を失っていったと思われがちだが、本当にそうだろうか。初めて登場したときの1186ccのベルリーナが、乗る者の五感に訴える、繊細にしてきわめて有能なクルマだったことは紛れもない事実だ。その後の長年にわたる進歩はまさに着実という言葉がふさわしく、排気量とパワーを徐々に上げることにより、製品としての熟成度は数字になって現れていった。スッドは進化するに連れて、柔軟性を増していった（ただし素晴らしく柔軟なスッドというのはない）。しかしドライバーの五感に語りかける、このクルマ本来の美点は生産期間を通じていささかも損なわれることはなかったのである。

最初のアルファスッドは、条件が悪いと最高速は129km/h止まりだし、低回転域でのパンチも足りない。5速のギアがないのは、おそらくフラット4の慎ましいパワーでは無用の長物だったからだろう。しかしニュートラルなハン

ドリング、秀逸な路面追従性、路面からのショックを伝えない軽いステアリング、強力なブレーキ、しなやかな乗り心地を備え、ロードノイズとメカニカルノイズはよく遮断されている。総じてスッドは登場した当初から非常に洗練された小型車だった。ただし、そこそこのスピードで走らせるにも、ドライバーの積極的な働きかけを要するクルマではあった。

ボクサーエンジンが発するハスキーなサウンドは、一貫してスッドの特徴だった。1300になってからはボトムエンドのトルクも充分で、少なくとも ti はシリーズベストと言い切る自称訳知りもいるほどだ。1500は明らかに速いのだが、若干のざらつき感が混じる。

しかし1.7ℓのスプリントが登場するにいたり、本来の魅力は失われたようだ。スピードは出るけれども、乗り味は荒く、サウンドも耳障りだ。あれほどドライバーの五感にスウィートだった乗り味は消え失せ、ややもすれば粗野に感じる。ハンドリングは完璧なニュートラルではなく、舵は重いし、乗り心地はややゴツゴツしており、トルクステアの悪癖すら顔を出す。パワーもロープロファイルタイアも" too much "で、スプリントの最終世代が優雅さに欠ける理由はここにあると思う。1.7ℓのスプリントは、スッドの後に出た"スッドもどき"とでもいうべきモデルである。こ

1984年に登場したアルファスッド 1.5 ti クアドリフォリオ。(LAT)

アルファスッドの歴史は質素から豪華への変遷であり、その間に動力性能も着々と向上した。これは1989年の1.7ℓ スプリント・クアドリフォリオのインテリア。(LAT)

れと比べれば、クロームバンパーを備える1.5スプリントの方が、スッドの真実に近いと思う。

　1.7ℓを唯一の例外として、スッドはエンジンの大小に関係なく、操縦を愛するドライバーを笑顔にする。ギアチェンジはゴムをねじるようで、ジュリエッタやジュリアで感じる金属のギアが噛み合う緻密な手応えこそないが、クイックかつ正確だ。申し分のないシャシーを知ってしまうと、ギアチェンジなどどうでもよく思える。アンダーステアが出ないことは驚くばかり。70年代初期に設計されたことを思うと、このニュートラルなハンドリングには深い感銘を受ける。スロットルの踏み加減によってラインが変わることがない。タイヤは正確な角度をもって接地し、執拗に路面を捉えて放さない。スッドの路面追従性をとことん引き出すのがステアリングだ。

軽くてフィールに溢れ、過敏に走ることなくクイックに反応する。内側前輪を浮かしたコーナリングやタックインなど、もはやオリジナル・ミニ時代に生まれたFWDの遺物に過ぎない。スッドではブレーキとステアリングを駆使したドライビングができる。効きがシャープで、踏力が絶妙な全輪ディスクの旨みを100％有効に使おう。美しい絵画を完成させる最後の一筆が、秀逸な乗り心地。ロールの傾向すら見せることなく、コントロールとコンフォートの完璧なブレンドを提供する。

　まさにこれはルドルフ・フルシュカの非凡な才能が生んだシャシーだ。アルファスッドの楽しさはシンプルに味わうに限る。それにはラインナップの中ごろがねらい目だ。操縦に没頭できるモデルが見つかるだろう。

バイヤーズ・ガイド

1 アルファスッドほど錆に弱いアルファはない。錆にやられて初期型はほとんど残っていないのが現状だ。最悪の場合、車体が文字通り真っ二つに折れてしまう。錆に弱いだけでなく、初期型に用いられる鋼板の質が極端に悪く、リペアパネルを溶接するのは不可能に近い。後期型は防錆対策が施されているが、入念なチェックは必須だ。

2 錆がもっともひどい部分はフロントバルクヘッド。ここにはステアリングラックがマウントされている。ヒーターボックス、マスターシリンダー、バッテリーの下も目を皿のようにして点検すること。

3 初期型スッドはフロントウィンドーを接着剤で固定しており、常にトラブルのもとになっている。接着剤がはがれると雨水が下から侵入し、スクリーン開口部とスカットルが錆びる。ラバーマウントの後期型でも、スカットルの角にかさぶた状の錆が発生する。こいつは見た目以上に始末に悪い。

4 ロワーシャシーレールはぐさぐさに錆びることがある。フロアパンは概して錆びにくいが、シートマウント周辺は別だ。ご推察の通りサイドシルは錆びやすく、特にジャッキアップポイント付近は要注意。前後スカートには襞状に錆が発生していることがある。

5 フロントフェンダーのインナーパネルの上を通っている箱形断面メンバーと、バルクヘッドとの連結部分も弱点だ。バッテリー周辺、ウォッシャーボトルの奥もしっかりチェックしよう。フロントストラットのマウントは概してしっかりしているが、ストラット付近のインナーフェンダーはひどく錆びる場合がある。

6 2ドアモデルではドアの全長が長い分、ドアヒンジ（素材も造りもお粗末）とAピラーへの負担が大きく、長年の負荷に耐えかねたピラーはしだいに崩れていく。一方、垂れ下がったドアにヒットされ続けたBピラーからは錆が出る。

7 初期型のリアウィンドーもフロントウィンドーと同じく接着剤で固定されており、やはり位置がずれて雨水が浸入し、開口部周囲が錆びるばかりか、内部に伝わった水でトランクがひどく錆びる。ハッチバックではリアウィンドーの下隅に水が溜まり、周辺の金属が腐食する。この際だから言っておくと、第一世代のクルマに備わるトランクのヒンジは頻繁に噛んで動かなくなり、あれこれしているうちに急にリッドが勢いよく閉まる。これでリッドがゆがんでトランク内部に水が侵入する。

8 ロワーウィッシュボーン自体、またリアビームアクスルもスプリングの受け部分が錆びる。ビームのボトム部分は注意してチェックしよう。

9 リアのディスクブレーキはほとんどものの役に立たないし、ディスクを噛んだままレリーズしないことがある。フロントキャリパーからのフルード漏れは珍しくない。

10 エンジンは頑丈で長寿命だが、5万8000km毎に指定されているタイミングベルトの交換は怠らないこと。1500ccエンジンを積んだ後期型で、タペット音が出ていればカムロープが摩耗している証拠。後期型ではヘッドガスケットもトラブルのもとだ。オーバーレブさせたエンジンでは、ビッグエンドに損傷を来している場合がある。ベルトテンショナーもチェックポイント。エンジンを回した状態でスムーズに回転し、大きな遊びがないこと。反応が遅かったり、やけに音が大きかったりする場合は要注意だ。

11 ギアボックスは長期の使用に耐えるが、2速のシンクロが弱くなるのが弱点。ギアリンケージのブッシュは摩耗が早い。摩耗するとシフトレバーの動きにメリハリがなくなり、ギアがシフトしづらくなるが、修理費は高くない。

12 ユニバーサルジョイントは水準以上に頑丈だが、それでも摩耗状態はチェックすべき。フルロックまで切って低速から加速して、異音が出ないか耳を澄ます。

ALFA ROMEO Always With Passion

Alfetta Berlinas
and GTs

アルフェッタ ベルリーナと GT

1972年デビュー当時のアルフェッタ。かつての1750と同じ、アルファ伝統のツインカム4気筒エンジンを搭載していた。（Alfa Romeo archives）

アルファスッドによりこれまで未知の分野だった小型FWDファミリーサルーンの分野に踏み出し、新しい市場の開拓に首尾よく成功したアルファ・ロメオにとって、次に取りかかるべき仕事は旧態化が目立つ2000に取って代わる新世代ベルリーナの開発だった。先進テクノロジーを駆使したスポーティカー・メーカーのステータスを保つため、同社技術陣に課せられたターゲットはふたつあった。ひとつは排気量が増えるにつれて強まったノーズヘビーの傾向に歯止めをかけること。ふたつ目はリアサスペンションを独立にすることだった。1750

10. ALFETTA BERLINAS AND GTS

ベルリーナが発表になった翌年の1968年、BMWはリアにセミ・トレーリングアームとコイルを組み合わせた4輪独立式サスペンションを備える2002を放ち、スポーティなハンドリングで好評を博していた。ハンドリングと路面追従性に関しては自他共に認めるリーディングブランドのアルファとしては、ライバルのこうした動きを放って置くわけにはいかなかったのである。

レーシングカーの手法で量産車の問題点に挑む

このためには、ほぼ四半世紀にわたって続いた基本設計を根本的に変えることを要し、オラツィオ・サッタ率いるアルファの技術陣は目的に果敢に挑んだ（ちなみにこれがサッタにとってアルファでの最後の作品になる）。彼らが注目したのは主要コンポーネントの配置だった。すでに当時、レーシングカーが採用するミドエンジンレイアウトのメリットは疑問の余地なく立証されており、市販車でも一流のハンドリングを実現するカギは、エンジン、ギアボックス、ファイナル・ドライブなどの重量物を、ヨーモーメントの中心軸にできる限り近づけることにあることはよく知られていた。しかしこれは乗用車の理想と真正面からバッティングする要求でもあった。主要な機構をどれも車両の中央に据えたのでは、乗員の居住空間がわきに押しやられてしまうからだ。

そこで技術陣は次善の策を練り、主要コンポーネントを可能な限り前後ホイールを結ぶ中心線近くに配して、前後の重量を理想的な50：50に配分することにした。これを実現するため、彼らは独立リアサスペンションのアイデアをさらりと捨て、ド・ディオン・アクスルを採用し、これにトランスアクスル・レイアウトを組み合わせた。アルファ・ロメオのレーシングヒストリーのなかでも

Alfetta 1.8 / 1.6
1972–1984

エンジン：	4気筒 DOHC
ボア・ストローク	80 x 88.5mm (1.8)
	78 x 82mm (1.6)
排気量	1779cc (1.8)
	1570cc (1.6)
出力	122bhp (1.8)
	109bhp (1.6)
トランスミッション：	5段 MT
終減速比	4.100:1
ボディ形式：	4ドア・セダン
性能：	
最高速度	180km/h
0-60mph (97km/h)	10.7 秒
全長：	4280mm
全幅：	1620mm
全高：	1430mm
ホイールベース：	2510mm

Alfetta 2000
1977–84

下記を除きアルフェッタ 1.8 に同じ：

ボア・ストローク	84 x 88.5mm
排気量	1962cc
出力	122bhp
性能：	
最高速度	184km/h
0-60mph (97km/h)	9.4 秒

Alfetta GT
1974–76

下記を除きアルフェッタ 1.8 に同じ：

ボディ形式：	4座クーペ
全長：	4190mm
全幅：	1660mm
全高：	1330mm
ホイールベース：	2400mm

Alfetta 2000 GTV
1976–86

下記を除きアルフェッタ GT に同じ：

ボア・ストローク	84 x 88.5mm
排気量	1962cc
出力	130bhp
性能：	
最高速度	205km/h
0-60mph (97km/h)	9.4 秒

Giulietta 1.6
1981

下記を除きアルフェッタ 1.6 に同じ：

性能：	
最高速度	174km/h
0-60mph (97km/h)	12.2 秒
全長：	4210mm
全幅：	1650mm
全高：	1400mm
ホイールベース：	2510mm

Alfa GTV6
1981–86

下記を除きアルフェッタ GTV に同じ：

エンジン：	V6 SOHC
ボア・ストローク	88 x 68.3mm
排気量	2492cc
出力	158bhp
最高速度	204km/h
0-60mph (97km/h)	8.9 秒

生産台数：

アルフェッタ・ベルリーナ	475,743
1.6 GTV	16,923
1.8/2000 GTV	96,969
GTV6	22,380

アルフェッタのインテリア（これは1.6ℓ版）。1900やジュリエッタと比べるとその豪華なしつらえには隔世の感がある。（Alfa Romeo archives）

もっとも輝かしい章の主役を務め、同社に2度のワールドタイトルをもたらした名マシーン、ティーポ158／159はまさにこの組み合わせを採用していた。果たして20年前のGPマシーンに由来するこの解決策は、時を隔ててアルファ最新のベルリーナにも成功をもたらしたのだろうか。

往年のGPマシーンではクラッチはエンジンの直後にあったが、新型ベルリーナではクラッチもギアボックスもデフの直前に位置する。この3つのコンポーネントを一体のアルミケーシングにパッケージしたうえで、インボードのリアブレーキともボディ側に装着した。だからこのアッセンブリーは一切バネ下重量とはならず、しかも前後の重量がほぼ均一に配分された。また、フロント荷重が軽くなったので、ステアリングのジオメトリーが見直されて操舵力が軽くなった。技術陣の創造力はこれで終わりではない。フロントサスペンションをダブルウィッシュボーンとトーションバーの組み合わせにして、長らくアルファでお馴染みだったコーナー進入時のロールを軽減したのだ。

進歩的なエンジニアリングには高いコストがつきものだ。新型アルファではレーシングコンディションでうまく働いた機構を、量産乗用車レベルに洗練させる作業が伴ったが、これには技術陣も手を焼いた。まず問題になったのはプロペラシャフトだ。このトランスアクスルではプロペラシャフトはギアボックスの出力シャフトではなく、常にクランクシャフトと同じ回転数で回る。このため量産車ではひどい振動と共振音を発した。アルファはシステム全体を入念にチューンし、シャフトを2分割してラバーカプリングで連結した。

2番目の問題はギアボックスの位置だった。トランスアクスルではシフトレ

バーを直接ギアボックスに繋げることはできず、長年アルファの魅力だったダイレクトな操作感はあきらめざるを得なかった。レバーの動きはケーブル、ロッド、リンケージを介してギアボックスに伝わる。これがトラブルのもとになった。この問題は終始つきまとい、たとえうまく作動しても旧型並みの正確なシフトは望めなかった。

生産型第1号車は1972年5月に姿を現した。アルファは迷わず新型ベルリーナをアルフェッタと名づける。重要な機構的特徴をティーポ158／159と共有することは先ほど述べたが、かつての名マシーンはアルフェッタの別名で親しまれていた。1750のときと同様、過去の栄光を上手に活かしたネーミングである。ボディは2000ベルリーナよりほんの少し短く、広い。シャープなエッジの効いたフォルムは歯切れのいい、スポーティなキャラクターをよく表していた。入念な風洞実験から生まれたプロファイルは空力面でも優れており、低いボンネットから始まるラインは緩やかに上昇しながらテールに連なり、大きなトランクで終わっている。

厚いクッションをソフトファブリックで包んだシートは5人乗りで、ステアリングコラムは高さが調整できる。大径のスピードメーターとレブカウンター（油圧計を内蔵する）のあいだに燃料計、水温計、時計が位置する。ダッシュボード上のグラブボックス、センターコンソールのパーセルトレイ、前席シートバック裏側のマップポケットなど、小物の収納スペースが随所に備わった。

不思議なことにアルファは伝統のツインカム"フォア"の最新版ではなく、1750用の1779cc版を採用した。ただし由緒正しいふたつのモデル名を一緒くたに使うことはせず、アルフェッタ1.8と命名した。圧縮比を9.0から9.5にしたのが唯一の変更点で、最大出力は118bhpから122bhpに向上した(発

アルフェッタのリアサスペンション

ある時期まで、独立リアサスペンションといえば、たいていスウィング・アクスルが一般的だった。しかしこの型式は一定の条件でアンダーステアから著しいオーバーステアに転じ、その過渡特性があまりに急激なためにほぼ姿勢の修正は不可能だった。巨大なボディに途方もないパワーを秘めた戦前のアウト・ウニオンGPカーの操縦が恐ろしく困難だった理由の一因である。これより後に登場したメルセデスが、スウィング・アクスルのリアサスペンションを採用しながら同じ問題に苦しまずに済んだのは、ひとえに巧妙なロー・ピボット・ジオメトリーを組み込んでいたからだ。メルセデスはこれで急激なキャンバー変化を回避した。

アルファはスウィング・アクスル固有の悪癖も、キャンバー変化が皆無ではないセミトレーリングアームによる独立懸架の弊害も受け入れるつもりはなかった。そこで選んだのがド・ディオン・アクスル。左右のホイールをチューブで結ぶこのシステムでは、ホイールは常に路面に対して垂直に保たれ、キャンバー変化は起こりえない。しかもリアサスペンション・アッセンブリーのなかで、バネ下重量になるのはチューブだけだ。結果としてサスペンションは路面の不整に対しても、路面自体のキャンバー変化に対しても高いトレース性能を発揮し、アクスルが大きく上下動することもない。

サスペンションを可能な限り正確に位置決めするのがアルファの流儀だ。この目的のために、縦方向に伸びる2本のアームがサスペンションとスタビライザーをボディ側のクロスメンバーと連結した。一方、横方向の位置決めにはワッツリンクを採用した。2本のアームはZ字型に連結され、一方の端はド・ディオン・アクスルの中心部に、もう一方の端は左右のサスペンションピボットに連結される。これにより好ましくない横方向の動きを抑えた。

生回転数は5500rpmで変わらず)。車重は1750ベルリーナと事実上同じで、180km/hの最高速も変わらない。

アルフェッタ登場の1年ほどまえから、世界的な経済不況がミラノにも波及していたうえに、登場するなり各メディアから酷評を浴びた。1速にスパッと入れるのがほぼ不可能で、ペダルとステアリングホイールの相対的な位置は相変わらず長身ドライバーに不向きだと報じられた。なかにはハンドリングが完璧からは程遠いとほのめかすメディアもあった。アルフェッタは見通しの暗いスタートを切った。

ところがトリエステの発表会でテストした『オートスポーツ』誌だけは絶賛した。「とにかくバランスがいい。ハンド

ALFA ROMEO Always With Passion

アルフェッタGTのオリジナルの計器レイアウト。レブカウンターはドライバー正面に位置するが、スピードメーターは他の補助メーターと一緒にダッシュボード中央に追いやられていた。アルファはこのレイアウトを後に改める。(Alfa Romeo archives)

ルは軽く、ステアリングから豊富な情報が伝わってくる。アルファ・ロメオはどれもコーナリングが上手だが、これは先代より一枚上手、高速でバンピーなコーナーを抜けても路面を捉えて放さない。(中略) ド・ディオン・アクスルがきっちり仕事をこなし、重量配分が正しいので滑りやすい路面やぬかるみでも、低いギアでフルスロットルを踏める」どうやら発表会に用意された試乗車は特別入念にチューンされていた節がある。この試乗記で指摘された唯一の欠点は、パニックブレーキでの食いつき感が足りないことと、ニュートラルから1速に入れづらい傾向があること位だった。

しかし他誌はクルマの出来映えに不満を隠さなかった。例えば、発表から2年後、英国で試乗した『モータースポーツ』誌のレポートは苦言のオンパレードだ。いわく、発表時のLHD試乗車とは打って変わってスロットルペダルが鈍感。濡れたタイトコーナーや、路面が不整なコーナーからの脱出時に急加速を試みると簡単にホイールが空転する。ステアリングは状況によって強度のアンダーにもオーバーにも転ずる、といった具合だ。ただし外に振り出したテールの修正はごく容易で、問題の一部は試乗車が履いていたタイヤにあるのかもしれないと書き添えている。

同誌は欠点ばかりをあげつらったわけではなかった。ギアの配分は「どんぴしゃりで、常に5段すべてを積極的に使いたくなる」と述べている。「暖まるまでシフトの動きが渋く、ニュートラルから1速に入れづらいことが多く、2速のシンクロは簡単に負けてしまう。た

10. ALFETTA BERLINAS AND GTS

だし暖まってしまえば、後方に伸びる長いリモートコントロールにもかかわらず、正確で素早いシフトが可能だ」と評価した。独創的な設計と、大々的な宣伝のせいで期待感が高まり過ぎた感はあるが、この価格帯のライバルの大方を一蹴する性能の持ち主である、というテスターの結論はアルフェッタの実力を正確に伝えていると言っていいだろう。

有り体に言って、アルフェッタは北米市場では苦戦を強いられた。アルファが最新モデルを過去のレーシングカーに関連づけようとした努力は、ここではほとんど意味がなかったのだ。『ロードテスト』誌など、アルフェッタの名前が使いたいというそれだけの理由で、複雑な構造を採ったのだと言い切り、『モータートレンド』誌は次のように総括する。「現役を退いたレーシングマシーンほど使い途のないものはない。まして四半世紀も前に表舞台から消えたマシーンなど、完全に過去の遺物なのだ」

発表時のキャンペーンが一段落すると、アルファはひとつ妥協を余儀なくされた。ヨーロッパではアルフェッタのままだったが、北米市場ではアルファ・ロメオ・スポーツセダンと呼ばれることになった。少なくとも北米では、わざわざ複雑なメカニズムを取り入れた意味は、ほぼなくなってしまったわけだ。

アルフェッタの2番目のバリエーション、アルフェッタGTは1974年6月プ

1975年登場のアルフェッタ1.6。丸目2灯ヘッドライトで1.8ℓ版と識別できる。
(Alfa Romeo archives)

ALFA ROMEO Always With Passion

アルフェッタGTの2ℓ版はグラン・ツゥーリズモ・ヴェローチェ（GTV）と呼ばれた。リアクォーターパネルの通気パネルに"GTV"と切り欠いてある。このロゴ部分は汚れやすかった。（LAT）

レスに向けて披露された。4人乗りクーペは、当初ジウジアーロがデザインしたが、その後アルファのスタイリング部門が風洞実験の結果を取り入れてモディファイし、公称値0.39という空気抵抗係数を達成した。ただし『ロードテスト』誌の情報によれば、このモディファイのせいでオリジナルのフォルムは大きくゆがめられ、ジウジアーロは以降このプロジェクトに関与することを一切拒んだらしい。ことの真偽はともあれ、GTのボディはベルリーナとはまったくの別もので、ホイールベースは110mm短く、ボディは90mm短く、40mm広く、100mm低い。

スタイルも従来のアルファのクーペと異なる。低いノーズから始まるサイドラインは強く傾斜したフロントウィンドーを経由して高めのリアへと緩やかに上り、テールはすっぱりと裁ち落とされている。ハッチバックゲートはトランクリッドと一緒に持ち上がるが、リアパネル上辺からしか開かず、後席も畳めないから使い勝手はまずまずといったとこ
ろ。巧妙なリンケージの働きで、前席の背もたれを倒すと自動的にシートが前にスライドし、ほどほどの広さを確保した後席へ楽に乗り降りできた。

車内では計器の配置に目を奪われる。アルファにワールドタイトルをもたらした往年の名マシーンに敬意を表して、ドライバーの正面にはレブカウンターのみが位置する。スピードメーターは他のメーターと一緒にダッシュボード中央にまとめられるのだが、これでは一瞬で読み取ることなどできない。市販車にこの計器レイアウトを採った不見識を、専門誌がこぞってやり玉に挙げた結果、アルファはふたつの主メーターの位置を然るべき位置に戻した。

サスペンションやランニングギアを始めとするメカニカルコンポーネントは、ベルリーナと同一だ。先に述べたようにボディサイズはベルリーナより若干小さいにもかかわらず、車重は10kgしか軽くない。エンジンチューンも同じだから出力も同値で、最高速も180km/hと同じだった。ところが英国ではベルリーナの2300ポンドに対して、GTは3797ポンドもした。顧客は動力性能のアドバンテージではなく、スタイルとスポーティなイメージにプレミアムを払ったわけだ。

GTを試乗したジャーナリストは、ベルリーナと同じくドライビングポジションの調整幅が狭いことと（相変わらずペダルが近すぎ、ステアリングが遠い）、やりにくいギアチェンジを指摘した。しかしこのころまでに、ギアチェンジは調整次第で大きく改善できることが判明していたし、個体差も大きかったようだ。むしろアルファ技術陣にとって不本意だったのは、ハンドリングの評価が芳しくないことだろう。ドライブトレインを複雑な配置にしたのは、なによりハンドリングのためだったのだが、GTにはジュリエッタやジュリアのような極上の冴えはなかった。

生産期間中、アルフェッタはそこそこ売れたので、アルファはエンジンの選択肢をふたつ増やした。ひとつ目はジュリア用1570ccエンジンで、圧縮比を9.0、ツインチョーク・キャブレター

10. ALFETTA BERLINAS AND GTS

を2基備え、109bhpを発揮した。1975年に登場した1.6ベルリーナは、ヘッドライトが丸目2灯で、ラジエターグリルにクロームメッキのバーが1本走るので識別できる。最高速は175km/hに落ちたが、同時に変更を受けた1.8ℓ版もやはり最高速はドロップした。

1976年、1.8ℓのアルフェッタGTに代わるモデルが2種登場する。ひとつは1570ccエンジンを搭載したアルフェッタGT1.6、もうひとつはかつての2000に使われた1962ccエンジンに大径バルブを組み込んだGTV2000である。両方とも圧縮比は9.0、ツインチョーク・キャブレターを2基備え、最大出力はそれぞれ109bhpと122bhpだった。

トップスピードは1.6ℓ版が179km/h、2ℓ版は194km/hと公称された。両方とも車重は1080kgと同じである。なお、GTVではリアクォーターパネルに位置する、ルーバーが切られたエアベントに代わり、"GTV"のロゴが入ったパネルが備わる。

両モデルとも旧型より大幅に進歩したとジャーナリストから認められ、アルファは胸をなで下ろした。辛口の論調をもって鳴る専門誌2誌も、諸手を挙げて褒め称えた。アルフェッタ1.6ベルリーナをイタリアで走らせた『カー』誌は次のように述べている。「4速と5速では明らかにパンチ不足で、オーバーテイクに長い距離を要する。しかしパワーの低下分は充分許容範囲だ。ド・ディオン・リアアクスルがもたらす強大なグリップを負かすほどのパワーがないの

斜め前方から見るアルフェッタGTV。低く構えたスタンスはスタイリッシュで、力感に溢れている。(LAT)

ALFA ROMEO Always With Passion

ラインナップのトップモデル2000は角形ヘッドライトで識別できる。当時アルファのパブリシティは顧客層のイメージとして、ジェット旅客機で世界中を飛び回るビジネスマンや富裕層を強調していた。(Alfa Romeo archives)

で、オーバーステアに陥る可能性も少ない。(中略)1.6は1.8ℓ時代のアルフェッタと同じ、五感に訴える美点を備えたクルマである」

『モータースポーツ』誌はGTV2000を「美しく、快適で、静粛。高価だがその価値あり」と評した。「(ドライビングポジションは)アルフェッタとしては初めて合格レベル」2速は「ギアボックスが冷えているうちはひどく入れづらい」と指摘する。ギアチェンジはスムーズでないとも指摘して、次のように続ける。「試乗車では1速と2速に入れるのに、渾身の力を要する場合があった。サラブレッドの系譜を持つドライブトレインと

は均衡を失した欠点だ」

一方、同誌は軽くて正確なステアリング、快適な乗り心地、秀逸なハンドリングにいたく気をよくしている。「秀逸なバランスは正しい重量配分の賜物である」と述べ、路面騒音、機械騒音、風切り音がよく遮断されて、静粛だと賛辞を呈している。トラクションは「途方もなく強力」で、ブレーキは「いくら褒めても足りないほど」と記し、レスポンスが鋭くて柔軟性に富んだエンジンと、素早い加速をもたらす適切なステップアップ比のギアレシオ(ただしシフトフィールは難点ありとする)を備えるGTVに、「敏捷なサラブレッド」という総合評価を下している。

かくいう本書の筆者も、オリジナルの1.8ℓアルフェッタには失望した。1750ベルリーナより遅いと感じたのだ。増えた車重がひとつの理由だが、あいまいなギアチェンジのせいでもある。変速のたびに予想を裏切られ、スピードに乗れない。シャシーの基本性能が高い水準にあるのは確かだが、そこから得られるはずの操縦の歓びがギアシフトで削がれる。ステアリングが重く、ローギアードなことも言い添えておこう。嬉しいことに、アルフェッタのベルリーナは2000になって大いに改良された。動力性能は一層活発になり、シフトフィールこそ大きな個体差があるにせよ、ギアチェンジも改良された。

アルファが新世代モデルに選んだトランスアクスル・レイアウトは、ついに所期の目的を達した。その手応えはGTVでも確認できた。フロントにギアボックスを置く従来のアルファ並みの、クリスピーなシフトフィールには依然として及ばないが、まずまず正確だ。長距離を一気に走る能力とハンドリングは同時代のライバルに優るとも劣らない。私は試乗中ブラックアイスに足を取られて背筋の凍る思いをしたのだが、ことなきを得た。それはアルフェッタの完璧な

10. ALFETTA BERLINAS AND GTS

前後重量配分の価値を思い知らされた瞬間でもあった。

　話をモデルの推移に戻そう。1975年、アルフェッタ・ベルリーナの2ℓ版が、キャブレターの代わりにスピカ製燃料噴射を備えて北米市場に導入になった。それから2年後の1977年2月、アルフェッタ2000のヨーロッパ仕様が発表になり、ラインナップが完成する。9.0の圧縮比と、2基のツインチョークから122bhpを発揮、最高速は184km/hに達した。

　2000ではインテリアが改訂になって快適性が大幅に向上し、コントロール類と計器の配置が改良された。外観上最大の相違点は、ヘッドライトがアルフェッタ1.6の丸目から矩形になったことと、方向指示器を内蔵した大型バンパーに変わったことだ。1978年4月、2000をテストした『オートスポーツ』誌

最後のアルフェッタはクアドリフォリオ・ドーロ（ゴールド・クローバーリーフ）・バージョンだった。丸目4灯ヘッドライト、フォグライト、随所に用いられるクローム仕上げ、衝撃吸収式大型バンパーに加えて、待ち望まれていた良好な防錆対策が施されていた。(LAT)

メディアの見解を覆したアルフェッタ

　アルフェッタの設計に関して、『ロードテスト』誌は最初と最後では手の平を返したように論評が変わった。始め同誌は、アルファのエンジニアは基本的な優先順位を間違ったうえに、それを達成するために最悪の設計をして問題に輪をかけたと論じた。完膚なきまでにこき下ろしたあげく、アルファの技術陣は充分な根拠もないまま、怪しげなエンジニアリングに資金と労力を投入したと決めつけた。ド・ディオン・リアアクスルは、従来のリジッドと比べるとコストがかかるだけで、優位点がない。トーションバーによるフロントサスにしても、可変レートのコイルスプリングより重く高価で、わざわざエンジニアにとって難しいテーマを選んだと手厳しい。はてはエンジンとトランスミッションを分けたレイアウトを捉えて、「メカニックの悪夢だ。クラッチディスク1枚交換するにもユニットまるごとの脱着を要するだろう」と、その論調にはとりつく島もない。

　ところがである。その『ロードテスト』誌は時の経過とともに考えを変えたようだ。1977年12月にGTVをテストした同誌は、「中身の濃い、操縦するのが楽しくて美しい小型車」と持ち上げた。かつての酷評はどこへやら、次のように続ける。「どれでもいいからアルファのニューモデルのシートに座ってみたまえ。5段ギアボックス、見栄えのするコントロール類の感触、伝統あるアルファのツインカム4気筒のサウンド——すべてが操縦するために生まれたクルマであることを示している」アルフェッタの特異な設計はようやくその正しさを認められたのだ。

1979年までにジュリエッタには1.3、1.6、1.8ℓ版が揃い、翌年に2ℓが追加になってラインナップは完成する。(LAT)

は「才気溢れる設計。ライバルの大半が退屈で古くさく思える」と手放しに歓迎した。初期型では批判を浴びたアルフェッタだが、これにひるむことなく開発を続けた同社の技術陣はあっぱれだ。新時代のアルファにふさわしい野心的な技術に磨きをかけ、弱点を克服して完成の域にこぎ着けたのだった。

それだけに商業的にはアルファの期待に応えられずに終わったことが悔やまれる。1984年に登場した最終型の2ℓクアドリフォリオ・ドーロは見違えるほど充実したモデルだった。燃料噴射と電子制御点火に加えて、吸入バルブにふたつの開閉タイミングを設けたことは注目に値する。始動時と低速走行時はオーバーラップを小さくし、高速になると通常のタイミングに戻る可変バルブタイミング機構である。これでパワーもトルクも向上したのだが、ファイナルドライブ比を変えたことで向上分がおおむね吸収されたばかりか、悪いことにギアシフトの頻度が以前より増えてしまった。長いギアリンケージを持つアルフェッタはこれで足もとをすくわれ、販売は落ち込んだ。

アルフェッタ2000が発表になってわずか9か月後、同じメカニズムを一回り小さなボディに包んだニューモデルが登場する。かつての名車の名前がまた復活したが、新型ジュリエッタはすっきりしたウエッジ形状のボディで、角を丸めたフォルムはアルフェッタに通じるアルファらしさをかすかに留めていた。

ジュリエッタのエンジンはもともとGTA用に開発された大径ボア、ショー

バイヤーズ・ガイド

1 初期型アルフェッタのボディは質が悪い。後期型とジュリエッタでは最初から充分な防錆対策が施され、亜鉛コーティングされたスチールが広範囲に使われている。アルフェッタとGTVではフェンダーの内側と外側、サイドシル、ドアボトムが腐りやすい。路面の泥と湿気がシルに入り込んで、状態が悪化している可能性が高い。

2 錆に特に弱いのはインナーフェンダーのボトム部。ここはフロントのクロスメンバーが車幅一杯に走っている。前後インナーフェンダーの泥よけ部分も路面から拾った汚れが溜まりやすいことが知られている。トランクの床、スペアホイールが収まる凹部も錆びやすい。GTV6ではトランク内部のバッテリーボックスの錆にも注意しよう。

3 初期のアルフェッタとGTVはスクリーンラバーの裏側に雨水が溜まりやすく、特にドレイン穴が詰まっていると錆の進行が早い。三角窓とGTVのサイドウィンドーガイドも錆びやすい。

4 ギアシフトは動きに締まりがなく、不正確になりやすい。扱いが悪かったか、不適正なオイルを使ったために、本来の性能を発揮していないギアボックスが多い。腕のいいエキスパートに入念なオーバーホールをしてもらうと大幅に改善される。アジップ75／90のような、高品質な化学合成オイルを使うとシフトフィールは一変する。後期型のアイソスタティック・リンケージは複雑ながら正確なシフトができるというのが謳い文句。しかし初期型でもきちんとセットアップさえすれば、完璧に思い通りのシフトが必ずできる。シフトは電光石火ではなく、特にオイルが温まるまでは速いシフトを無理強いしてはならない。前オーナーにこのあたりの心得がなかった個体は、おおむね2速のシンクロが弱っている。

5 デフのサイドシールからはオイルが漏れやすく、リアホイールベアリングは摩耗が進んでいるケースが多い。クラッチカバー上のギアボックスマウントが外れるのも珍しくないトラブルだ。発進時にリアからドスンというショックが伝わるのでわかる。ドライブトレインがスムーズでないのは、プロップシャフトのラバードーナツカプリングが消耗しているか、センターベアリングが摩耗しているか、どちらかが原因。症状の出ている個体は、リフトに載せて当該部分をチェックする。

6 アルフェッタとジュリエッタのダンパーはへたりが早いので悪名高い。アジャスタブルなスパックス製などに変えるといいだろう。いつもの"バウンステスト"をすれば、ダンパーの寿命がどの程度残っているかわかる。リアではド・ディオン・アクスルのスプリングパンがひどく腐食する。

7 フロントタイヤの摩耗が左右一律でないのはキャンバーが適切でないから。調整すれば直る。

8 アイドリングがラフだとドライブトレインのトラブルが増幅される。大半の個体はキャブレターがきちんと調整されていない。

9 本来ならブレーキは非常によく効くはずだが、リアパッドの装着と調整が正しく行われていないケースが多い。パーキングブレーキのメカニズムに注油を怠るともっとひどいことになる。効きが甘いとか、レバーの引き代がやけに大きいのは、セルフアジャスト機構をきちんと調整していないから。ブレーキペダルの踏み代が過大なのも同じ理由。

10 初期型のV6エンジンではバルブガイドの摩耗と、ガイドオイルシールがトラブルの原因になる。加速時に青い煙を吹かないかチェック。油圧のタイミングベルトテンショナーからオイル漏れがないかチェック。オイル漏れがひどいとベルトがスリップしたり、切れたりする。そうなると一大事、修理に散財を強いられる。

11 アルフェッタは普段の丁寧なメンテナンスがあって初めて本来の力を発揮する。アルファのディーラーか、定評あるスペシャリストによるきちんとした整備記録の備わる個体は狙い目だ。

トストローク（80×67.5mm）の1357ccツインカムで、最大出力は95bhp／6000rpm。これとは別にアルフェッタGT1.6と同じ109bhpスペックの1570ccジュリア・エンジンを積んだモデルもあった。1100kgとアルフェッタ2000より軽い車重を活かして、ジュリエッタ1.3は166km/h、1.6は174km/hの最高速に達した。後に1.8ℓ版が加わり、1980年には184km/hを誇る1962cc版が登場してラインナップが完成する。

Alfas of the 1980s & '90s

1980年代と90年代のアルファ

アルファスッド直系の後継車アルファ33はスッドと同じ工場で生産された。アルファ一族特有の特徴を第二世代のジュリエッタと共有する。(Alfa Romeo archives)

第二次世界大戦が終わって30年のあいだに自動車産業界の競争は激しさを増し、人々から愛された多くのブランドが倒産したり、吸収合併されて消えていった。アルファ・ロメオはそんな地雷原を驚くほど巧みに通り抜け、成功を収めてきた。しかし同社の全盛期は急速に終わろうとしていた。半世紀ものあいだ国のバックアップを受けてきたアルファは、厳しさを増す企業間競争の現実に直に晒されずにいたのだが、政府がポケットから出せる資金にも限りはあった。1980年代始めまでに、最悪の問題だったビルドクォリティと錆対策には

ある程度の改善が見られたのだが、いったん地に落ちた評価はそう簡単には戻らなかった。加えて、アルファの伝統であるインスピレーション豊かなクルマ作りにもかげりが見え始めていた。

アルファの野望を100%満たすことはできなかったにせよ、アルファスッドは商業的に驚くほどの成功作となった。しかしベルリーナの生産が終わった1983年後半の市場は、スッドのプロジェクトが立ち上がったころとはすっかり様変わりしていた。スッドは生産期間中に上級市場に移行して、1台あたりの利益が増えた。当初の需要に対する供給不足も解消されていたので、後継車はスッドのように膨大な量を生産する必要はなく、ファクトリーの生産能力にはまったく新しいモデルを作る余裕ができた。

アルファスッドの後継車も、やはり過去の栄光を担ったレーシングモデルから名前をもらった。今回選ばれたのは1967年に登場したミドエンジン・スポーツ・プロトタイプのティーポ33。15年ほどの歳月を経て量産乗用車アルファ33（トレンタトレ）としてよみがえる。フロアパン、エンジン、トランスミッション、サスペンションはアルファスッド用を流用したが、第2世代のジュリエッタと歩調を合わせたラインで構成される、フレッシュなボディが載った。

日産との合弁で生まれたアルナ

加えて、生産能力に余力のできたポリミアーノ・ダルコのファクトリーでは、まったく新しい大衆向けのアルファが製造されることになった。アルファ・ロメオと日本の巨大メーカー日産が手を結んだ新規事業で、日産パルサー（欧州市場ではチェリー）をベースにした派生型が生まれたのだ。コンポーネントの一部はスッドと33用を流用し、アルファ・ロメオ・ニッサン・オートの頭文字を採って、アルファ・ロメオ・アルナ（ARNA）と名づけられた。悲しいかな、アルナで唯一ポジティブな意味があったのはエンブレムだけだった。アルナは、アルファをライバルから際立たせるスタイルと個性をわざと取り除いて設計したように思える。ニッサンの顧客に言わせれば、他社のコンポーネントを借りて作ったクルマに余計な金を払う理由はなかったし、昔からのアルフィスタにすれば、機構こそ異なるもののパルサーにしか見えないクルマを注文するいわれはなかった。アルナは年産6000台の予定だったが、3年にわたる生産期間のトータルでもこの数に達しなかった。まさにアルファスッド・ストーリーの再現だったわけだ。

一方、33が善戦したのはアルファにとって救いだった。産業ロボットによる組み立て工程を多数取り入れた新しい生産ラインで組み立てられ、防錆とビルドクォリティには最初から然るべき対策

ライバルと目するBMWの対抗車種として発表されたアルファ6。ボディスタイルはアルフェッタの焼き直しだった。(Alfa Romeo archives)

ALFA ROMEO Always With Passion

アルフェッタ GTV に 6 気筒エンジンを搭載してできたのがアルファ GTV 6。ボンネット上にブラックのパネルが追加されているので識別できる。(LAT)

エンジンベイにぎっしりと詰まった V6 エンジン。(LAT)

が講じられていた。ところが発表当初は、動力性能とハンドリングの評価が芳しくなかった。実際には、加速力も最高速もスッドの後期型と比べて互角以上だったし、乗り心地が若干ソフトでロールが大きいのは従来のアルファの伝統であり、これをもって欠点とするには当たらなかった。路面追従性もごく妥当な水準に達していた。しかし時代は進み、スッドをベースにした 33 では、厳しさを増す市場の要求について行けなかったのだ。それに 33 にはスッドのような敏捷性も、理屈抜きに乗る人を元気にするキャラクターもなかったのは事実だ。販売はじわじわと落ち込み、不吉な未来を予感させた。なお 33 にはジャルディネッタと 4WD 版もあり、どちらも英国市場に導入された。

本拠のミラノでは、これまでの市場占有率を保つのに頼りとなるのはアルフェッタとジュリエッタだけという状況だった。そこで 1979 年、上級市場への進出を図るアルファはニューモデルを発表する。その名はアルファ 6（セイ）。

11. ALFAS OF THE 1980s & '90s

1969年に生産が終わった2600以来10年の歳月を経て、アルファの6気筒が復活したわけだ。新設計のV6はオーバースクエアの2492ccで、デロルト・キャブレターを6基並べて160bhp／6000rpmを生んだ。ボディはアルフェッタの焼き直しだったが、トランスアクスルではなく、ギアボックスはエンジン直後のオーソドックスな位置にあった。

6は最高速195km/hの俊足の持ち主だったが、デビューするやすぐにアルファの期待を裏切る。スタイルが古めかしく、エンジンはラフで応答性が鈍いとやり玉に挙げられた。ZF製5段ギアボックスの1速がドッグレッグなことも万人向けではなかった。英国仕様の6はATのみだったので、非協力的なマニュアルレバーと格闘せずに済んだのだが、従来の顧客がアルファに望んだ優先項目を無視したマーケティングに思える。いずれにせよ6とATの組み合わせでは、アルファが抱える問題は解決できそうになかった。

GTV6の登場で V6エンジンの真価を発揮

1981年初頭、同じエンジンがアルフェッタGTのトップモデルにも搭載され、GTV6の名で市販される。パワー／トルクこそ同じだが、V6のキャラクターは燃料噴射化されたことで一変した。『カー』誌はアルファ6ベルリーナにひどく落胆し、ライバル2車との比較テストで最下位にランクした。その同誌はGTV6のレポートではご満悦で、次のように述べている。「ベルリーナのレポートを読んだ読者には信じられないだろうが、ゴージャスなエンジンを載せたGTV6は夢のようなクルマに仕上がっている」

オーストラリアの専門誌『ホイールズ』の記事も紹介しよう。「事情通なら眉をひそめるところだ。なにしろ"例の"エンジン、まるでアルファらしからぬアル

Alfa 33　　1983-1994

エンジン：
水平対向4気筒　フロント縦置、
1186cc～1712cc。
直列3気筒ターボ・ディーゼル1779cc。

出力：
68bhp～107bhp（ガソリン）
72bhp（ターボ・ディーゼル）

トランスミッション： 5段MT

ボディ形式： 4ドア・セダン／5ドア・ワゴン

性能：
最高速度：　162km/h～188km/h

Alfa 75　　1985-1992

エンジン：
直列4気筒 フロント縦置 1570cc～1962cc
直列4気筒 ターボディーゼル 1995cc
60°V6　6気筒 2492cc／2959cc

出力： 110bhp～148bhp (4気筒ガソリン)；
95bhp（ターボディーゼル）；
156bhp～189bhp (V6ガソリン)

トランスミッション： 5段MT

ボディ形式： 4ドア・セダン

性能
最高速度：180km/h～222km/h

Alfa 155　　1992-1998

エンジン：
直列4気筒フロント横置 1773cc～1995cc
直列4気筒ターボ・ディーゼル
　1929cc／2499cc
60°V6　　2492cc

トランスミッション： 5段MT

ボディ形式： 4ドア・セダン

性能：
最高速度：180km/h～225km/h

Alfa 145/146
Series 1: 1994-1997
Series 2: 1997-2000

エンジン：
縦置水平対向4気筒 1351cc～1969cc、
横置直列4気筒ターボディーゼル 1929cc、

出力：
90bhp～150bhp（ガソリン）
90bhp（ターボディーゼル）

トランスミッション： 5段MT

ボディ形式： 3ドア・ハッチバック

性能：
最高速度：　178km/h～216km/h

Alfa 164　　1987-1998

エンジン：
直列4気筒　フロント横置
60度V6
　1962cc～2959cc
4気筒横置ターボ・ディーゼル 2500cc

トランスミッション： 5／6段MT

ボディ形式： 4ドア・セダン

性能：
最高速度：195km/h～245km/h

ALFA ROMEO Always With Passion

GTV6の初期型はアルフェッタGTの特異な計器レイアウトを踏襲していた。正面に位置するのはレブカウンターではなくスピードメーターだ。シフトレバーのノブはステアリングホイールのリムとマッチしたウッドになった。(LAT)

ファとこき下ろされた"6"のエンジンなのだ。ところがである。風采の上がらないセダンでは気性の激しい女主人だったV6は、クーペでは魅惑的なアクトレスに姿を変えた。このエンジンによって一変したGTに、私たちは賞賛を惜しまない」最高速205km/hを誇るGTV6は、アルファの伝統を色濃く残した1台だった。

GTV6のキャラクターを決めたのはエンジンだ。お利口かもしれないが味も素っ気もない今日のV6とは一線を画すエンジン。低回転域の力強さときたら男気すら感じる。ゴージャスなサウンド。ドライバーを駆り立てる咆吼は回転が上がるに連れて徐々に鋭くなり、高回転域では甲高い叫び声に変わる。その豊かな音階に誘われて、ドライバーはトンネルに差しかかる手前でウィンドーを降ろし、1ないし2段シフトダウンする。トルキーで、パワーもスムーズに湧き出るから回さなくても走れる。低いギアで引っ張るのは、もっぱらドライバーがサウンドを楽しみたいからだ。成層圏に達するほどのファストカーではないが、GTV6に乗るとそんなことは大した問題とは思えなくなる。

GTV6は決して完全無欠のクルマではない。卓越したV6の魅力に抗しきれるなら、まとまりのいい4気筒を選ぶべきだ。GTV6はアンダーステアが強く、ピッチングも気になるし、保舵力はコー

11. ALFAS OF THE 1980s & '90s

ナリングフォースと比例して強まる。硬派のドライバーでも、パワーステアリングが欲しいと思うほど重い。だからハイスピードコーナリングでは一定の腕力を要する。ギアチェンジはどうかって？ ブッシュがよい状態にあり、リンケージがきちんとセットアップされていれば妥当なレベルにある。ただし精度の高さを感じるシフトではないし、動作には一定のスポンジネスが常に伴うことはつけ加えておこう。

アルファ6の生産は1984年に終わり、アルフェッタの後継車として登場したアルファ90（ノヴァンタ）のV6版が後を継ぐ。燃料噴射になったV6を積み、今や見慣れたアルフェッタ・スタイルをベルトーネが微妙に手直ししたボディを載せ、内装と装備品を豪華にしたクルマだった。

メルセデスが占める大きな市場を90で狙うとアルファは公言した。そのモデル名は、メルセデスの新しいコンパクトモデル190が仮想ターゲットだとほのめかしていたのかもしれない。なるほどトップモデルだけあって、パワーステアリング、集中ドアロック、電動ウィンドー／シート調整、エアコンを装備し、決して軽量とはいえない1390kgの車重を、2.5ℓV6でも196km/hまで引っ張る高性能車だった。

燃料噴射を備えたV6はGTV6のときと同じく、90でも本領を発揮して好評だった。しかし90はアルフェッタのトランスアクスルを引き継いでいた。そしてここでも厄介なギアシフトが成功に水を差すのである。アルファは"アイソスタティック"リンケージを採用して使い勝手を高めたのだが、根本的な解決にはいたらなかった。それだけではない。信頼性とビルドクォリティはドイツメーカーの水準に遠く及ばず、事実として、高級車のマーケットではアルファのブランド力ははるかに訴求力を欠いていた。90が発表されて1年足らずのうちに、ジュリエッタの改訂版が加わる。しかし90の不振振りを目の当たりにしたアルファはその生産を終え、新しい75に力を集中することに決める。

アルフェッタのアップデート版、アルファ90は短命に終わった。(LAT)

ALFA ROMEO Always With Passion

アルファ・ロメオ75はジュリエッタのアップデート版。アルファ創業75周年にちなんで発表された。(Alfa Romeo archives)

右ページ：ブルータリズムを基調としたザガートのSZ。ベースは75で1000台前後が製作され、これとは別にスパイダー版のRZが250台弱作られた。(LAT)

75（セッタンタチンクエ）の車名はA.L.F.A.創立75周年を祝ってつけられた。一回り大きい33のように見えるが、中身は紛う方なきアルフェッタ／ジュリエッタだ。エンジンは伝統のツインカム"フォア"の1.8ℓと、2.5ℓのV6。前者はツインチョーク・キャブレターを2基備えて187km/hを出した。一方、パワーに余裕のある燃料噴射のV6では、ドライバーの意のままにアンダーからオーバーステアに転じることができた。

生産期間中、V6には3段ATが備わるようになり、それでも209km/hの最高速を誇った。さらにトップモデルとしてV6の2959cc版が加わり、パワーは156bhpから188bhpに向上し、最高速は220km/hに達した。また2ℓエンジンにはデュアル・イグニッションのツインスパークが登場する。厳しさを増す排ガス規制に対するアルファの回答で、高速かつ効率よく燃焼させることにより、従来と比べてはるかに良好な燃費と有害物質の低減を実現した。シングルスパークよりトルクが厚く、燃費は良好というのがアルファの謳い文句で、事実2ℓ版に占めるツインスパークの割合はどんどん増えていった。

フィアットの後ろ盾を得たアルファ

長い歴史のなかで数々の危機や難問を乗り越えてきたアルファ・ロメオだったが、国のバックアップを受けていながら、このころは自力で存続できなくなっていた。開発資本の不足が末期的状況に陥っていたのだ。1980年代中盤、フィアットとフォードが買収を巡って争うが、交渉の結果1986年11月、10億ポンドでフィアットが買い取った。イタリア自動車産業界にあって、フィアットの埒外で孤軍奮闘してきた唯一の独立メーカー、アルファ・ロメオは、ついにこの国の巨大メーカーの軍門に下ったのである。親会社になったフィアットは彼らの意向を矢継ぎ早にミラノに伝える。33はカタログから落とすこと。ポリミアーノ・ダルコを閉鎖すること。今後はフィアットのシャシー、エンジン、トランスミッションを使うこと、などなど。ともあれ75が最後の後輪駆動アルファであり、アルフェッタのドライブトレインを用いた最後のアルファであり、最後の"純粋な"アルファ・ロメオになることはすでに決まっていた。財政的にようやく安定したにもかかわらず、ミラノの名門の先行きは暗く、不確かに思えた。ところで、かつての感性を失ったかに思えたのはアルファだけではなかった。ザガー

11. ALFAS OF THE 1980s & '90s

ALFA ROMEO Always With Passion

ティーポ4プロジェクトの一員として生まれたアルファ164。これはツインスパーク。サーブ、フィアット、ランチアが共通のドアを用いるのに対し、164だけはオリジナルだった。（Alfa Romeo archives）

トがこのころ75をベースに作ったSZがいい例だ。オリジナルの1750から始まり、ジュリエッタとジュリア・ベースの様々なスペシャルモデル、さらにはジュニアZにいたる、霊感に打たれたようなデザインとは似ても似つかない恰好をしていた。ブルータリズム（普通は美しいと考えられない要素を前面に出して力強さを表現する方法）をアルファに最初にもたらしたのがSZだった。マスが大きくて重く、活気がない。どれも過去のザガートとはまったく結びつかない属性だ。

フィアットによる買収後、シナジー効果として初めて形になったのが"ティーポ4"プロジェクトのアルファ版である。"ティーポ4"プロジェクトとは、アルファ・ロメオ、ランチア、フィアット、サーブが協力関係を結び、4社共通のFWD機構と大型シャシーの開発費用を分担し、しかる後に独自のメカニカルパーツとエンブレムをつけた完成車を市場に送り出すという大がかりな国際プロジェクトだった。同プロジェクトの成果はサーブのカタログでは9000として、フィアットではクロマ、ランチアではテーマとして現れた。これら3車が1984～85年に登場したのに対し、アルファでは1987年にデビューのアルファ・ロメオ164として実を結ぶ。

待った甲斐はあったというのが大方の共通した見方だった。スタイルはピニンファリーナが担当したので他の3車とははっきり異なっていた。それにアルファ・オリジナルのエンジンとランニングギアも魅力だ。エンジンは4種の選択肢があり、まずは148bhpの4気筒ツインスパーク1962cc。次が3ℓV6と、220bhpを発揮するその24バルブ版。そして2.4ℓのターボ・ディーゼル。いずれも横置きで前輪を駆動する。

フロントサスペンションはマクファーソン・ストラット、ワイドベースのロワーウィッシュボーン、スタビライザーの組み合わせ。ボンネットラインを低めるため、ストラットはベース部分がフロント

アクスルの上ではなく、同じ高さでマウントされるよう前傾している。リアは今度こそ完全な独立となり、コイル／ダンパーのストラット、トランスバースアーム、リアクションロッド、スタビライザーから構成される。結果としてソフトで快適な乗り心地と、非の打ち所のないハンドリングが両立し、しかもかつてのアルファを思い出させるコーナリング初期のロールも（程度は軽いが）復活した。

164はヒット作となり、アルファは安堵のため息をつく。『オートカー』は「パーソナリティーを備えたドイツ車」と総括したが、これは大方の受け止め方を代表する意見だった。横置きエンジンによるFWDというレイアウトに、硬派のアルフィスタがどう反応するかも注目されたが、総じて好意的に迎えられた。1990年代に突入したアルファの主力車種は164と、アップデートされた33の二本立てになる。33には最後のスッド・スプリントと同じ1721ccのフラット4が積まれ、標準型が110bhpを、16バルブ版が137bhpを発揮した。ベルリーナ、スポーツワゴン、4×4の3種があり、16バルブエンジン版の最高速は203〜208km/hに達した。

ようやく明るい未来が見え始めた。フィアット・グループのモデルに助けられて、南と北にあるアルファのファクトリーはついにフルキャパシティーで稼働する。そして1990年、イタリア国内市場が急激に冷え込む直前に、アルファは利益を計上するのである。苦しい年が続いただけに、フィアットの買収がちょうどいいタイミングだったことは明らかだった。しかし依然としてひとつの疑問が残った。これから先のアルファは過去のモデルが持っていた重要な資質を引き継げるのか、はたまたエンブレムを変えただけのフィアットになってしまうのか。

このころのアルファは4WDモデルにも手を広げていた。これは33をベースにしたスポーツワゴン。(LAT)

ALFA ROMEO Always With Passion

アルファ・ロメオ 145 は、当初スッド用のフラット4 を搭載していたが、1996 年のマイナーチェンジを機にツインスパーク・エンジンが取って代わった。社内のチェントロ・スティーレによるデザインで、当時ここを率いたのはワルター・デ・シルヴァだ。(Alfa Romeo UK)

結局のところ、現実にはその中間に落ち着いたと言っていいだろう。買収後に登場した初の完全なニューモデル、155 はフィアット・ティーポのシャシーとランニングギアをベースにする一方、エンジンはアルファ伝統のツインカムだった。今やデュアルイグニッション化されて 129bhp を発揮する 1779cc がもっともベーシックなユニットで、その上はフィアットが開発し、ヘッドだけはアルファ設計の 1995cc、143bhp のツインカム。最上位が 166bhp の純アルファ製 2.5ℓV6 という具合だ。

155 では昔のアルファにつきものだったボディロールが復活し、高回転まで回る 1779cc エンジンでは独特のエンジン音も戻ったようだ。ハンドリングも良好だし、全体の仕上げもよくなった。まだ改良の余地はあったとはいえ、アルファ・ロメオの最良の資質とフィアットの最良のリソースを組み合わせれば、未来に向けて勝利の方程式ができるだろうと愛好家が考えたのには充分な根拠がある。しかし財政状態が改善したことと、アルファの顧客が納得する製品作りとは結びつかなかった。紙の上ででも有望に見えた 155 だが、初期型に試乗した専門誌から酷評を浴びる。しかし後期型のシャシーの改良は著しく、1992 年の『ホワット・カー？』誌はこう評価した。「走らせるとフィアット・ティーポそのものでは、事情通はそんな懸念を抱くかもしれないが、それは杞憂に過ぎない。スポーティで、走らせるのが楽しいクルマ。足りないのは 164 のエレガンスだけである」

これ以降、フィアットをベースにしたアルファが次々に登場し、じわじわと魅力を増すのに伴って商業的にも成功していく。ハッチバックを備える 145 と

154

146、そしてシャープなスタイルのGTVが皮切りだった。155と同じく、どれもティーポのフロアパンを流用しており、新しいデザインが出るたびに人気も賞賛の声も高まっていった。しかしアルファにとって本当の意味でのルネッサンスの幕開けとなったのは156である。これはクリーンヒットとなり、1998年にアルファに初のヨーロッパ・カー・オブ・ザ・イヤーをもたらす。

145と146には、16バルブのツインスパークの1.8と2.0ℓ版が用意された。どちらもアルファらしくツインカム4気筒だが、その主要寸法は戦後に端を発する伝統のユニットとはなんの脈絡もない。後者が優れた設計者の英知から生まれ、旧き良き時代のクラフトマンが組んだ高品質なエンジンだとするなら、現代のアルファ・ツインカムは最新技術の産物だ。とりわけ排気量あたりの出力の向上には目を見張るものがあり、16バルブの1747ccツインスパークは、20年前の1962ccエンジンよりパワフルだった。なお2.0ℓ版には2本のバランスシャフトが備わり、4気筒特有の振動を打ち消した。

パフォーマンスもアルファの名前に恥じない。1.8ℓの145は206km/hに、2.0ℓでは210km/hに達した。146はそれぞれ208km/hと214km/hと一回り速い。絶対的な数値はともかく、かつてのツインカムが要したガソリンの60〜70%程度で、このパフォーマンスを発揮したことは注目に値するだろう。

フィアットのコンポーネントを用いたこの時代のアルファを、過去の血統と結

アルファ156はターニングポイントとなったヒット作。1997年のフランクフルト・ショーで発表されてから4年のあいだに50万台が作られた。デザインはデ・シルヴァ。リアのドアハンドルをウィンドーフレームに隠した2ドアクーペ的な演出が話題を呼んだ。アンダーステアをほぼ払拭した操縦性は、これまでFWDアルファに懐疑的だった保守的なアルフィスタをも納得させる高い水準にあった。カー・オブ・ザ・イヤーに長らく縁のなかったアルファだが、この156により1998年に初の受賞を果たす。(Alfa Romeo UK)

びつけるのは難しい。同時に、アルファとフィアットとの線引きもほぼ不可能だ。その一方で、ラインナップ全体にわたり幅広い選択肢を用意するアルファの流儀は変わらず、新型エンジンを様々なモデルで共用するのも昔通りだ。例えば156の場合、1.8ℓと2.0ℓのツインスパーク・エンジンは145と146の共用で、ティーポから派生したシャシーは155から引き継いでいる。ひとり2.5ℓV6だけは、アルフェッタGTV6とアルファ90から直接引き継いだ純アルファ製だった。

その V6 にも数多くの改良が加えられた。従来型はSOHCで、水平に伸びたプッシュロッドとロッカーを介して排気バルブを駆動したのに対し、改良型ではアルファ伝統のDOHCに戻っただけでなく、気筒あたり4バルブとして吸排気を効率化すると同時に、燃焼室の形状を平らにしてバルブ径を大きくした。さらにスロットル開度をコントロールするのは、F1生まれのテクノロジーであるドライブ・バイ・ワイアという具合。なおMTは1967年のレーシング・スポーツカー、ティーポ33に倣った6段変速だ。

156に積まれたV6でもっとも大きい3ℓは、220bhp／6300rpmと269.8Nm（27.5mkg）／5000rpmのパワーとトルクを発生し、高い動力性能に貢

アルファ・ロメオGTV。3ℓ24バルブV6エンジンを積む。(Alfa Romeo UK)

164の後継車としてアルファのフラッグシップモデルの地位を継いだ166。(Alfa Romeo UK)

献した。また、スタイリッシュなスパイダーとGTVクーペには、2ℓのツインスパーク・エンジンも用意された。

フィアットのシャシー、フロアパン、ランニングギアも流用しており、同社の影響が色濃く表れていた。とはいえこれは予定外のことではなく、ティーポ4プロジェクトに参画したときにスタートした、アルファの新しい路線の延長線に他ならなかった。

ラインナップの次に登場したモデル、フラッグシップの166でアルファはこの路線をもう一歩進める。フロントサスペンションは156のダブルウィッシュボーンを踏襲したが、リアはマルチリンクの独立式サスペンションになった。エンジンは2ℓ4気筒のツインスパークと、2.5および3ℓV6の3種。2ℓと2.5ℓモデルはアルファの伝統に従い5段ギアボックスだったが、3ℓには6段が備わる。あらゆる点で166は先進技術を駆使した設計で、見る者を感心させるクルマだった。とりわけV6にオプションで用意されたスポーツトロニックATは注目で、ドライバーの操縦パターンや路面状況に合わせてシフトパターンを変えられただけでなく、マニュアル操作でシーケンシャルな変速もできた。

果たしてこうした先進的なモデルは、アルファのハートを受け継いでいると言えるのだろうか。専門誌のロードテストやデザイン解説の記事には、データと分析がいやというほど載っている。しかしこの主観的な質問に対する答えは、個人の嗜好と実際の経験しだいで変わるに違いない。買い手にアルファの伝統にどれほどの思い入れがあるかはいったん置くとして、今のアルファには盗

ALFA ROMEO Always With Passion

166のプレーンなリアビュー。ハイテクを満載した166は、昔からのアルファ愛好家の心の琴線に触れるクルマだったのだろうか。

難防止装置や、メーカー保証のユーズド・アルファなど、買い気をそそる要素がずらりと揃っている。とりわけ3年あるいは10万kmの保証と、8年有効な防錆保証は、60～70年代のアルフィスタには夢のような話だろう。

加えて、クルーズコントロール、トラクションコントロール、カーナビ、巧妙なアダプティブ・トランスミッションなど、最新技術を活かしたデバイスも備わる。しかしアルファの顧客層が求めるのはこの手の仕掛けなのだろうか。またこうした製品ポリシーは売り上げに結びついたのだろうか。少なくとも1990年代後半に限れば、"イエス"と答えてよさそうだ。フィアットに買収される直前と比べると、売上は大幅に改善されたからだ。一方、一口に"変更"と言ってもその意味合いには軽重がある。166に話を限れば、アレーゼのアルファ工場で製造されたのはエンジンだけで、クルマそのものはフィアット本社があるトリノからほど近い別のファクトリーで組まれた。その事実ひとつ見ても、誇らしげにアルファのエンブレムをつけた166を、昔のアルファと同列に見ていいのか疑問が頭をもたげる。それに対する最良の答えは、21世紀の始まりから同社創業100周年に当たる2010年までに作られた一連のモデルに見出せることだろう。それら製品を"スポーティなキャラクターのフィアット"とも、"新たな市場の現実を受け入れたうえで、デザイン、設計、製造された新時代のアルファ"と捉えることもできる。ブランドとしてのアルファをどう見るかで、評価は分かれるのである。

12. ALFAS FOR A NEW CENTURY

Alfas
for a new century

新世紀のアルファ

過去の遺産にすがることなく、しかもこれまでのキャラクターとコンセプトを引き継いだ最新設計のアルファ・ロメオ。その最初の例は147だと言っていいだろう。145と146で固まったスモール・アルファのテーマを論理的に発展させたのが147で、折しも世紀の変わり目に合わせて登場した。先代2モデルが実用車然としておとなしかったのに対し、147のボディラインはスポーティで見る者をワクワクさせた。スタイリッシュでコンパクトなボディには例によって盾形グリルが備わるが、デザインの手直しを受けており、そこにはシンボリックな意味

すっきりとコンパクトなアルファ147の、これは3ドア版。フロントの"ヴィラ・デステ"グリルが目を引く。ドライバーにとって魅力溢れる、きわめて好ましいパッケージで、スポーツバージョンの恰好のベースになった。

Alfa Spider / GTV 1995-

エンジン：
　直列4気筒　フロント縦置
　排気量 1747〜1970cc または
　　　　　1996〜3179cc V6 ガソリンエンジン
エンジン出力：
　110〜121kW（直4ガソリン）
　141〜165kW（V6ガソリン）

トランスミッション：
　5段MTまたは6段MT

ボディ形式：2ドアオープン／2ドアクーペ

性能：
　最高速度：
　　GTV：220km/h　2ℓ JTS
　　　　　248km/h　3ℓ V6 24V 6m
　　スパイダー：215km/h　2ℓ JTS
　　　　　　　242km/h　3ℓ V6

Alfa 147 2000-

エンジン：
　直列4気筒 1598cc、1970cc、
　V型6気筒 3179cc
　直列4気筒 16V ターボ・ディーゼル 1910cc
エンジン出力：
　77kW（1.6TS）〜184kW（3.2GTA）

トランスミッション：5段MT／
　セレスピード5段セミAT

ボディ形式：3／5ドア・ハッチバック

性能：
　最高速度：187km/h(1.6 TS)〜248km/h (3.2 GTA)

合いが込められていた。当時の既存モデルが単純な三角形だったのに対して、147では通称"ヴィラ・デステ・グリル"が復活したのだ。戦後まもなく現れたアルファ、とりわけ1952年にカロッツェリア・トゥリングが製作した2500スーパー・スポルトに見られる、縦に細長いグリルがついていたのである。思い出して欲しい。あの贅沢な6気筒も、戦後の荒廃からアルファが復活したことを象徴するモデルだった。

入念にチューンされたFWDと全輪独立式サスペンションがもたらす第一級のハンドリングと、戦後型アルファの大半に望むべくもなかった高いビルドクォリティを備えた147に、世の愛好家は俄然注目した。愛好家ばかりではない。3年前の156に続いて、147は2001年のカー・オブ・ザ・イヤーに輝く。同じ年、5ドア版が加わり、エンジンの選択肢が増え、高性能版が揃うにつれて販売も順調に伸びていった。アルファの歴史の観点からもっとも注目すべきは、ディーゼル・エンジンがオプションに加わったことだろう。かつてディーゼル・アルファは付け足しのようなものだった。良好な燃費と取るに足らない動力性能のコンビはなんともアルファ・ブランドにそぐわず、販売面でも日陰の存在だった。

しかし新たな世紀に入ると、ディーゼル車の市場は大きく様変わりした。悪名高いノッキングと振動を手なずけた新技術に、ターボと改良された燃料噴射機構とが相まってディーゼルの動力性能は一変、人気が急上昇したのだ。事実、2005年にはディーゼル車の普及率は西ヨーロッパ全体で約55％と過半数を超えた。軽油の方が無鉛ガソリンより高い英国でも、ディーゼル車のマーケットシェアは目覚ましく伸びている。アルファが、JTD高圧ユニジェット1.9ℓディーゼルを搭載した147と156で狙ったセクターがここだった。JTDは1980年代後半、フィアットが開発したテクノロジーで、コモンレールと電子制御の直噴を特徴とする。

この1.9ℓディーゼルは115bhpを

1998年にチェントロ・スティーレのチーフ・デザイナーに就任したアンドレアス・ザパティナスが描いた3ドア147のデザインスケッチ。この時点で"ヴィラ・デステ"グリルを採用することがほぼ決まっていたことが伺える。147のデザインはデ・シルヴァ、ザパティナス、エッガーの共作であると言われている。

12. ALFAS FOR A NEW CENTURY

発揮、147は185km/hの最高速に達し、静止状態から100km/hまで9.9秒で加速した。156に搭載された場合、最高速は同じだったが、ボディが大きく重い分、0－100km/h加速は0.4秒余計にかかった。これだけでも充分胸を張れる数字だが、アルフィスタにさらなるいいニュースが届く。一層パワフルなマルチジェット版が発表になったのだ。DOHCで気筒あたり4バルブのディーゼルは140bhp／4000rpmと303Nm(30.9mkg)／2000rpmのピークパワー／トルクを発揮、これで147JTDのパフォーマンスは最高速208km/h、0－100km/h加速9.1秒に向上した。

このエンジンは、かつて革新エンジンの誉れ高かった半球形燃焼室のツインカムに匹敵する最新技術が特徴だ。ユニジェットは高圧直噴エンジンで、まず吸入行程の初期に1回パイロット噴射をしてシリンダー内部の温度と圧を高めておき、その後に続くメイン噴射の燃焼効率を高める。マルチジェットはこの考えをさらに進め、1回の噴射量を小さくする代わりに噴射回数を増やした。シリンダー内部の火炎伝播を良好にして、燃料を完全燃焼させることで動

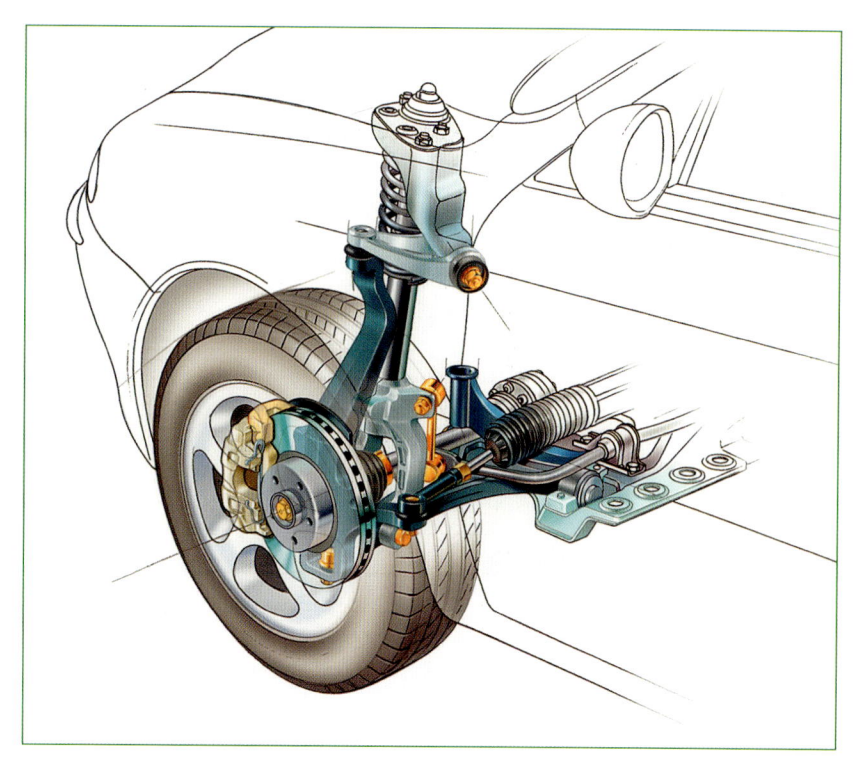

アルファ147のフロントサスペンションはダブルウィッシュボーン。ブレーキ圧を前後に最適に分配するEBDに加えて、アルファではアンチ・スリップ・レギュレーション・システムと呼ぶ、加速時に駆動輪が空転するのをコントロールして、最適なグリップを確保する電子制御システムが備わる。

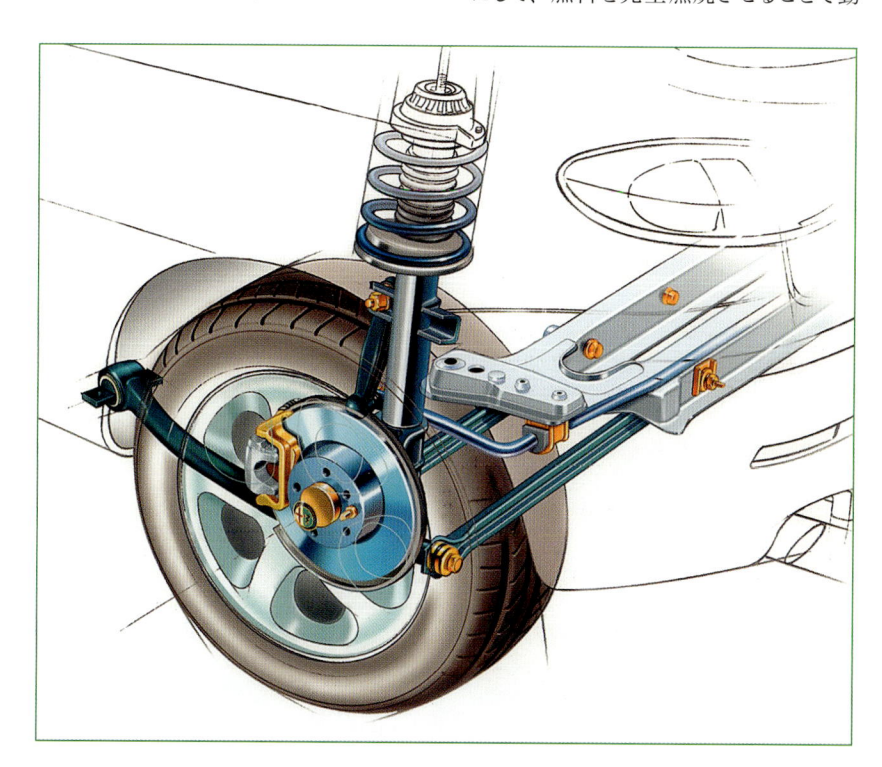

147のリアサスペンションはマクファーソン・ストラットによる独立。シフトダウンを連続して行う際のトルクを制御するシステムと、アンダーおよびオーバーステアの傾向を補正するVDCスタビリティ・コントロールが備わる。

アルファの盾形グリル

近年のモデルに共通する特徴のひとつが"ヴィラ・デステ"形のラジエターグリルで、同社の現在と輝かしい過去とを結びつける象徴と言われている。確かに過去との結びつきはあるのだが、不滅の1750、ストレート8を積んだ2300、モンザ、P3など、アルファに栄光をもたらした戦前の傑作モデルとの関連よりも、むしろ第二次大戦直後の暗く厳しい時代と関連が深い。空爆で工場の約6割ががれきと化し、伝統的な顧客だった富裕層がほぼ消滅して、大量生産による価格第一主義の市場へと変換を余儀なくされたアルファ・ロメオが、生き残りをかけて悪戦苦闘していた時代である。

1920〜30年代のアルファは、厳密な会社の流儀に縛られるのを避けた。当時の慣行では、自動車メーカーが製作するのはシャシーだけで、メーカーあるいはオーナーが委託したカロッツェリアがボディを架装した。だからメーカーが"デザイン"して、個性を発揮できる部分はフロントエンドに限られていた。ロールス・ロイスがシルヴァー・ゴーストから今日の製品まで、ラジエターグリルに同じモチーフを使い続けるのには、そういう歴史的背景がある。

一方、ラジエターグリルに対するアルファの姿勢ははるかに機能本位だった。初期型のラジエターの形とは、もっぱらボンネットの横断面の形で決まったのであり、そのボンネットの形状はエンジンの寸法によって決まった。1920年代末から30年代の始め、6気筒の1500と1750スポルト、そのスーパー・スポルトとグラン・スポルトが登場してボディが一定した時期のラジエターは、ロールス流にかすかに似ていなくもない。大雑把に言えば、浅い三角形を上に載せた長方形である。この形は1930年代初頭から前半にかけて登場した8気筒モデルとレーシングカーのP3(1932年)や、2300と2600のモンザ(1931年と1933年)にも引き継がれて、一時代のアルファを見分ける視覚的アイデンティティーとして定着しかけた。しかしこの形は長続きせず、1930年代の後半に入ると新しいスタイル、長方形の角を丸く落としたラジエターグリルが登場して、戦後直後のモデルまで使われる。

10年にわたり様々なモデルに使われた長方形グリルからようやく決別を果たしたのは、戦後の1947年に登場する"フレッチア・ドーロ"(金の矢)である。当時主任設計者だったオラツィオ・サッタ・プリーガが、戦前の6C 2500スポルトをベースに改良を加え、トゥーリングがデザインしたモダーンなボディを架装したモデルだ。フレッチア・ドーロでは、バイユーのタペストリー(1066年のノルマンディの征服を描いた刺繍画)に描かれる、ノルマン人が用いた盾の形をしたラジエターグリルが誇らしげについていた。縦に細長い三角形で、上辺の幅が狭く、丸みを帯びた肩からゆったりした曲線を描いて下降する2本のラインは一番下の一点でひとつにまとまっている。その内側は横方向のバーが何本も走り、ラジエター本体を保護した。フレッチア・ドーロで初めて登場したこの形のラジエターグリルは、後に"ヴィラ・デステ"と呼ばれるようになる。

"ヴィラ・デステ"という名前が初めて使われたのは、やはり6C 2500のスーパー・スポルトのシャシーに、トゥーリングがデザインしたきわめて美しいクーペだった。その登場年については1949年(アルファのウェブサイト)と1952年(同社のオフィシャルヒストリー)のふたつの説がある。今日では、1949年9月にコモ湖畔のヴィラ・デステで開催されたコンコルソ・デレガンツァにてこのクルマがグラン・プレミオを受賞、以来、会場となった壮大な荘園にちなんでこう呼ばれるようになったという説が有力である。ともあれ"ヴィラ・デステ"形ラジエターグリルを初めて備えたアルファは、1947年のフレッチア・ドーロである。そしてこのグリルをアルファにとって不滅の存在にしたのは、1950年に登場するモノコックボディの1900だった。アルファが初めてマスマーケットという冷たい水につま先を入れ、これまでとは桁外れの大量な数を生産することになる最初のモデルだ。

"ヴィラ・デステ"グリルは1950年代中盤のオリジナル・ジュリエッタと、後継モデルのジュリアにも見られる。しかしその後の数十年間に徐々に幅が広くなると同時に平板になっていき、特徴のない盾の形へと変わって、オリジナルとはまったく別の形になってしまった。初期デザインに戻ったのは最近のこと、アルファはこの部分では自動車業界のトレンドと逆行しているわけだ。

それにしてもなぜスピードとラクシュリーを象徴する"フレッチア・ドーロ"ではなく"ヴィラ・デステ"なのだろうか。かつてサザーン・レイルウェイが同名の豪華列車をロンドン〜パリ間で運行していたことにも関連があるだろう。荘園ヴィラ・デステが象徴する、「贅沢」、「放埒」、「幽閉」、「放蕩」、「身の程知らずの野心」、「運命の懲罰」が混じり合ったイメージは、由来を知る人にとっては魅力的とは言いがたい名かもしれない(165ページ参照)。

12. ALFAS FOR A NEW CENTURY

力性能の向上を図ると同時に、ノイズ、振動、有害排出物を減らすのが目的だ。マルチジェット・エンジンはディテールにも独自の設計が凝らされている。専用の吸排気マニフォールド、スチール製コンロッドとクランクシャフトを始め、専用のピストン内部にオイルチャンネルを設けて、スモールエンドのベアリングを潤滑する。新しいインジェクターは短い時間内できめ細かく作動し、150ミリセカンドの間隔で連続的に噴射、しかもレスポンスの速い精密なコントロールシステムの働きで、エンジンスピードと温度、および求められるトルクからなる様々な組み合わせに対応する。低温時でトルク要求値が低い時は、小さなパルスで2回、大きなパルスで1回、計3回各気筒に燃料を噴射する。トルク要求値が高まるにつれて、噴射は小さなパルスで1回、大きなパルスで1回となる。さらに高速走行時でトルク要求値が高い場合は1回となるが、エンジン温度が高いときは1サイクルのあいだに、まず小さく1回、次に大きく1回、最後に小さく1回噴射という具合だ。

『アウト・イタリア』の編集チームのようなアルフィスタにとっては、どれほど高度な最新技術を駆使しようともディーゼルはやはりディーゼルで、このエンジンの結論めいた評価はまだ下っていない。チームのライターの一人はこう語る。「自分なりのスタイルを持っている人にとって、アルファ147は無条件に好きになれるクルマだ。この10年はいうまでもなく、今世紀に作られるファミリーカーのなかでもっとも望ましい1台であることは間違いない。確かに欠点はある。乗り心地は完璧とは言えないし、エントリーモデルの動力性能にめぼしいものはない。しかし類を見ないスタイルと美感に訴えるインテリアは、同クラスのライバルを足もとにも寄せ付けない。私自身、ぜひ1台欲しいと思う。とはいえ1.9ℓ16バルブのマルチジェットの試乗には慎重にならざるを得なかった。確かに140bhpのマルチジェットは、耕耘機のような8バルブの1.9JTDよりはるかに進歩した。静かでスムーズ、しかも力強い。畑より都会に似合うエンジンではある。それでもまだ"すごくディーゼルっぽい"。アルファはディーゼル革命のリーダーかもしれない。まずはコモンレールを市販化し、次はマルチジェット・テクノロジーで新境地を開いた。しかしすでにガソリンエンジンと区別できないディーゼルを作っているメーカーもある。アルファはまだその一員にはなれていない」

2000年代序盤には、156と147に重要なモデルが生まれた。軽量化され大幅にパワーアップしたGTAが登場したのだ。1960年代後半のジュリエッタとジュリアGTAの再来である。皮切りは2000年の156GTAで、3.2ℓ4カム24バルブの総アルミ製V6エンジンを搭載していた。続いて2003年春に、同じエンジンを使った147GTAがデビューする。最大出力は184kW (250bhp)、最大トルクは300Nm (30.5mkg)。新世代GTAはアルファの伝統に加わる新しいバリエーションで、

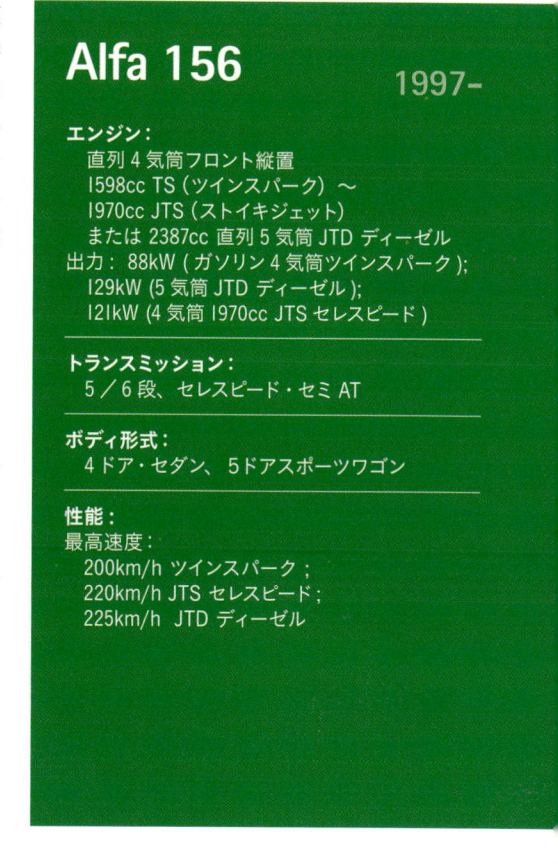

Alfa 156　1997-

エンジン：
直列4気筒フロント縦置
1598cc TS (ツインスパーク) 〜
1970cc JTS (ストイキジェット)
または 2387cc 直列5気筒 JTD ディーゼル
出力：88kW (ガソリン4気筒ツインスパーク)；
129kW (5気筒 JTD ディーゼル)；
121kW (4気筒 1970cc JTS セレスピード)

トランスミッション：
5／6段、セレスピード・セミAT

ボディ形式：
4ドア・セダン、5ドアスポーツワゴン

性能：
最高速度：
200km/h ツインスパーク；
220km/h JTS セレスピード；
225km/h JTD ディーゼル

6気筒 DOHC 24 バルブ。アルファ伝統のレシピが、147GTAと156GTAの3.2ℓV6エンジンに活きている。

ALFA ROMEO Always With Passion

156GTAの場合、最高速は6速で250km/hに達し、0－100km/h加速を6.3秒でこなした。かつてのGTAと同じく、これは有能なレーシング・マシーンのベースになりうる強力で魅力的なロードカーだった。事実、アルファは2002年のヨーロッパ・ツーリングカー・チャレンジを156GTAで制覇、ファブリツィオ・ジョヴァナルディがドライバーズ・タイトルを獲得している。

『アウト・イタリア』は公道上の走りも高く評価する。「FWDのサルーンなのにアンダーステアが出ないことは、走り始めてすぐ気づく。サーキットでは話は別かもしれないが、とにかく公道上で私はGTAの姿勢をブレークさせることはできなかった。考えてみても欲しい。FWDで250bhpである。ウェットのロ

2003年にジウジアーロによりフェイスリフトを受けた156のフロントエンド（上と中央）。"ヴィラ・デステ"グリルに変わったが、147で初めて見たときのインパクトはないように感じる。一番下の写真がもともとの156グリルで、156GTAではしばらくオリジナルが続けて用いられた。"ヴィラ・デステ"の方がわずかに細身で、周囲を囲むグリルが細い一方、内部の横バーが目立つ。名前はともあれ、50年以上前の6C 2500 スーパースポルト・ヴィラ・デステのグリルとは似ても似つかないデザインだ。

ータリーを床まで踏んで脱出すれは、必ず悲惨な結果に結びつくはずだ。どうせ電子制御がパワーを絞るのさ、とあなたは言いたいのだろう。その通り。GTAにもASR（アンチ・スリップ・レギュレーション）が備わる。しかし基本設計がお粗末なクルマにトラクションコントロールをつけると、ろくなことにはならない。こちらがスロットルでコントロールしているのに、余計な手を出して結果的にグリップを失ってしまう。その点GTAはASRをオンのままでも充足感を得られる数少ないクルマの1台だ。ヨーロッパ・ツーリングカー選手権で得たノウハウを、アルファの技術陣は惜しげもなくサスペンション・チューンにフィードバックした。その結果、特にウェット路面でのグリップ性能は類を見ない高いレベルに仕上がっている。アクアプレーニングを起こしたときはASR作動警告灯が柔らかく灯り、スタビリティーを取り戻してくれるが、それ以外はほとんど介入しない。実際、そのグリップ力たるやすさまじいものがあり、ちょっとやそっとのパニックブレーキではABSは作動しないのである。

「強大なグリップのおかげで、コーナーが連続するステージのハンドリングは秀逸だ。フィアット・クーペ・ターボあたりで220bhpをフルに引き出すと、崖っぷちに立たされた気分になるが、GTAではこちらの望むタイミングで、望む方向に行ってくれる。ロックからロックまでわずか1.75回転のステアリングはレーシングカー並に鋭く、クルマはあるモーメントから次のモーメントへと常に過渡状態にある。ユーロファイターのように、不安定要素をビルトインされているようで、それを手なずけるのに電子制御が必要なのだが、身のこなしの速さとたら市販車の域を超えている。乗り心地はやはり荒い方だが、こいつはあくまでパフォーマンス第一のクルマ。スタンスからしてアグレッシブで、車高は標準

権謀術数の舞台になったヴィラ・デステ

ヴィラ・デステには、アルファの最新世代ラジエターグリルの由来を知った者を当惑させる事情（163ページ参照）がもうひとつある。実この名前を与えられた豪壮な邸宅は、2軒あるのだ。1軒目は15世紀中ごろに、ローマから東に30km余り行ったティヴォリという村に建つイッポーリト・デステ枢機卿の住居で、主の名にちなんでそう名づけられた。デステは2歳にして司教に、10歳にして大司教に、30歳にして枢機卿に任命されるというキリスト教界のプリンスであり、ローマ教皇アレクサンデル6世の娘にしてフェラーラ公アルフォンソ1世の妻、悪名高いルクレツィア・ボルジアを母にもつ人物である。その生まれゆえ、デステは祖父を継いでローマ教皇の座を継ぐ最有力候補だったのだが、ユリウス3世が新しい教皇に任命され、彼の野望は粉みじんに砕ける。ユリウス3世はライバルが自分の立場を脅かすことのないよう、周到な防御策を練った。

1550年、ユリウス3世はデステにティヴォリ知事を命じる。許しがない限り、知事には統治する土地から出ることは許されなかったので、デステは事実上、自身の壮大な屋敷に幽閉されることになった。事実、デステは専門の技術者を雇って庭園の設計と製作に当たらせ、複雑な仕掛けの噴水を配した、素晴らしい庭園作りに残りの生涯22年を費やす。後年、庭園は荒れるままに放置されたが、ここ20年のあいだに固い決意をもつ指導者のもとで巨大な修復プロジェクトが進み、往時の栄えある姿を取り戻している。

同じ名前を冠する2軒目の邸宅は1軒目からわずか20年の時を隔てて、イタリア北部、コモ湖の西岸に建てられた。当初は湖に注ぐ近くの川にちなんでヴィラ・デル・ガローヴォと呼ばれたが、1815年にキャロライン・オブ・ブランズウィックに売却される。摂政皇太子として世に知られる、後の英国国王ジョージ4世から追い出された皇太子妃である。皇太子妃の遠い祖先にグエルフォ・デステという人がおり、妃はその人物にちなんで邸宅の名を"ニュー・ヴィラ・デステ"と改め、図書館と劇場を増築した。皇太子妃のスキャンダラスな振る舞いは、皇太子が遣わしたスパイの聞き及ぶところとなり、彼らは間近に迫った王室の離婚に備えて証拠を集めた。1821年、夫の戴冠式のためにロンドンに戻る途中、妃は不貞のかどで裁判にかけられるが、裁判そのものが成立せずに終わる。

戴冠式からも締め出された妃は、遺伝性疾患を患っている、いや脳腫瘍だ、はたまた自分から服毒しているのだと噂が渦巻くなか、戴冠式の3週間足らずのちにこの世を去った。コモ湖畔の邸宅はその後複数の持ち主を転々としたのち、巨費を投じた大々的な修復を受けて1873年に豪華なホテルとしてオープン、今日にいたる。館内には値段のつけようのない16世紀の絵画と彫刻のコレクションが飾られ、洞窟や噴水が点在する広い公園が建物の周囲を取り囲んでいる。こちらが今日、世界有数のコンクール・デレガンスが催されるヴィラ・デステである。

ALFA ROMEO Always With Passion

アルファがサーキットに戻ってきた。2003年のヨーロッパ・ツーリングカー選手権。宿命のライバルBMWをリードするタルキーニのワークス156GTA。アルファがシーズンを制した。

より20mm低く、フロントのスプリッターはホイールアーチのフレアと一続きになり、そのままボディカラーと同色のサイドスカートに連なる」

2003年、156はさらなる変更を受けた。ビジュアル上の変更で大きな影響を及ぼしたのは前年のジュネーヴ・ショーに展示されたコンセプトカー、ブレラである。ジョルジョ・ジウジアーロはデザインの手直しを大胆に敢行した。フロントはヴィラ・デステ・ラジエターグリルを採用するなどしてアグレッシブな形状に改まり、プロファイルは後方へとスムーズに向かい、テールはバンパーがフラッシュサーフェス化され、テールライト周辺が整理されてすっきりした。総じて従来モデルとの強い近似性を保ちつつ、ほっそりとエレガントになり、空力特性も向上した。

これを機に、トップレンジのエンジンが旧い2.5ℓガソリンV6からまったく新しいユニットに変わった。時代を反映してアルファは156用の新エンジンにディーゼルを選び、マルチジェットは20バルブ5気筒2.4リッターとなった。ターボで過給されて175bhp／4000rpmと385Nm（39.3mkg）／2000rpmのピークパワー／トルクを発揮、0－100km/hを8.3秒で加速し、最高速は225km/hに達した。一部の愛好家を少しがっかりさせたのは、サスペンションのセッティングに手直しをうけたこと。新型では乗り心地を優先させてダンパーの減衰力を弱めた。

156がこうした変更を受けたので、トップモデルの166はますます取り残されてしまった。他のモデルとあまり離れないよう、そろそろフェイスリフトを受けるころだというのが、アルフィスタの意見の大勢を占め、2003年後半、アルファ・ロメオは166をチェンジした。まずフロントエンドでは、いまや必須となったヴィラ・デステ・ラジエターグリルに変え、ヘッドライトを大きくし、フロントエプロンにフォグランプをビルトインした。リアも空力面を改良して空気抵抗が減った。総じて166らしさを保ちつつ、当時のラインナップの一員としてしっくりとけ込むスタイルになった。機構面での変更はサスペンションのセッティングに集中している。ブレーキング時のノーズダイブとコーナリング中のロールを抑えるのが目的で、このふたつは過去のアルファ特有の挙動だったが、166の大きな姿勢変化は、要求が厳しい現代のハイパフォーマンスカー市場にはそぐわなかったのだ。

エンジンのラインナップも新しくなって、パワーユニットは4種類が用意された。とりわけ3.2ℓ版と、依然としてパワフルでレスポンスの鋭い24バルブの3ℓ版V6エンジンの2種には、スポルトロニックATが組み合わされる。どちらのV6にもぞっこん惚れ込んだ『オート・エクスプレス』誌はこう語る。「アルファを買う理由はエンジンにある。この3ℓを走らせるとそれが理解できる。パワフルでサウンドが素晴らしいだけでなく、4段ATとのマッチングが完璧でオ

166

12. ALFAS FOR A NEW CENTURY

2003年のヨーロッパ・ツーリングカー選手権ではアルファとBMWの熾烈なタイトル争いが展開され、シーズン最終戦にわずか1ポイント差でアルファに凱歌が上がった。勝利に沸き立つアルファ・レーシングチームとアルフィスタ。

ーバーテイクが楽々とできる。さらにスピードが欲しければスポーツ・モードをセレクトするか、コンソールにマウントされたギアレバーをマニュアル操作すればよい。220bhpと265Nmのたくましいパワー/トルクのコンビにより、0－100km/hを8.6秒で加速してみせる。もし息を呑む高性能を求めるなら、フラッグシップエンジンたるオールニューの3.2ℓが欲しくなるだろう。路面を焦がす高性能車156GTAに搭載されるエンジンの240bhp版（これは豊かな旋律を奏でるV6だ）と6段MTとの組み合わせでは、0－100km/hをわずか7.4秒でカバーし、あらゆる回転域から力強くスピードを上乗せしていく」

2種のV6エンジンをバックアップするのが、16バルブヘッドの直噴150bhpの2ℓツインスパークと、220bhpを発揮するV6の2.5ℓ版だ。さて、こうした新しいレシピはうまく働いたのだろうか。実際にステアリングを握ったプレス陣の反応は賛否相半ばした。『カー』は新しい3.2ℓV6を「トルキーでスムーズ。サウンドが素晴らしい」と、アルファを称える常套句で評価した。手直しを受けて腰が強くなったリアサスペンションも歓迎する。「これまでの166はボディに無駄な動きがあり、コーナリングの楽しみを削いでいたのだが、新型ではその動きが減った。しかも乗り心地は決して悪くない」

同誌の特派員によれば、問題とすべきはハンドリングそのものではなく、エンジンパワーを利してコーナー出口から加速する際の反応なのだという。「この3.2ℓは2000rpmから上で力を出し始め、4000を超えると俄然生彩を帯びる。ところがトルクステアが顔を覗かせ始めるのがまさにこの回転数からで、ASRをオンにしても事情は変わらない。この素晴らしいエンジンの実力を発揮させようとすると、FWD固有の限界が表面化し、タイヤはグリップを求めてもがくことになる。近年、アルファが再発見したスポーティなキャラクターへの情熱は、

この3.2ℓ版166では完全に表現できているとは言い難い。とはいえ、3.2ℓ版だからこそ166の最良の面が発揮されるのであって、2ℓ4気筒や3ℓV6では力不足だ。エレガントな外観、余力充分なパワーとトルク、強力なブレーキ、操作が軽くて正確な6段トランスミッション、総じて良好な乗り心地とハンドリング。こうした要素の相乗効果で166の洗練度は一段と高まった。これは自分を目立たせたいエグゼクティブのためのエグゼクティブ・サルーンである」広いインテリアと奥行きの深いトランクも評価されたが、前席はサポート不足だと同誌は指摘している。

概して、21世紀の幕開けはアルファの愛好家には胸躍る時期となった。過去の伝統との繋がりは徐々に緩んでいったとはいえ、アルファは未来が突きつけてくる難問に果敢に挑戦し、回答を見出した。同社のクルマ作りのコンセプトと最新のエンジニアリングを時には上手に両立させ、またある時にはなんとか

167

Alfa GT

2003-

エンジン：フロント縦置 直列 4 気筒 1970cc JTS
　　　　　直列 4 気筒ディーゼル・ターボ 1910cc ／
　　　　　V6 エンジン 3179cc
エンジン出力：122kW (4 気筒 JTS ガソリン)；
　　　　　110kW (デーゼル・ターボ)；
　　　　　176kW (V6 ガソリン)
トランスミッション：5 段 MT ／
　　　　　5 段セレスピード・シーケンシャル・セミ AT
ボディ形式：2 ドア・クーペ
性能：
　最高速度：215km/h 以上　直 4 ガソリン；
　　　　　209km/h 以上　ディーゼル・ターボ；
　　　　　243km/h 以上　V6 ガソリン

折り合いを付けて組み合わせた。過去と現在を結ぶきずなは他にもある。あるモデルで成功した設計を、ニューモデルのラインナップのベースにするやり方はアルファが今に伝えるお家芸だ。1960 年代にはジュリアがその役割を担った。21 世紀の最初の 10 年は、革新性が成功を呼んだ 156 が新ラインナップのベース役を果たした。

アルファの優秀な設計は、レースの場でも最後の決め手になった。秋の訪れとともに 2003 年シーズンの終わりが近づいていた。これまで圧倒的な強さを発揮してきたワークスの 156GTA は、この年のヨーロッパ・ツーリングカー・ドライバーズ選手権でもチャンピオンの最有力候補と目されていた。ところがいざ開幕するや、すぐに激しいつばぜり合いが演じられる。相手はきわめて強力な BMW 勢。過去 6 シーズン連続してトロフィーを持ち帰ったアルファ・ロメオ・チームだったが、シーズン最終戦のモンザ（彼らのホームサーキットだ）が開かれるころには、今度ばかりはミュンヘンのメーカーがタイトルを獲るだろうとの見方が強まり、BMW に賭ける金額がじりじりと増えていった。

アルファのドライバー、ガブリエル・タルキーニは、BMW のライバル、イエルグ・ミューラーとまったく同一ポイントでシリーズ最終レースのスタートに臨む。ドイツチームわずかに有利との見方は、ミューラーがポールポジションを獲って早くも現実味を増す。対してイタリアチームは大失態の連続、アルファの勝利を望むファンにとって、最悪の予選となった。特別参加の F1 ドライバー、ジャンカルロ・フィジケラがチームに幸運をもたらすスターになるものと大いなる期待がかかったのだが、そのフィジケラは予選で派手なクラッシュを起こし、マシーンを修理不能なまでに大破させて自滅する。アルフィスタを落胆させるにはそれだけでは不充分とばかりに、タルキーニとサードドライバーのニコラ・ラリーニが同じようにクラッシュ、ダメージ

12. ALFAS FOR A NEW CENTURY

の程度が軽いのが救いとはいえ、チームは苦境に追い込まれる。5台の布陣を敷いたワークスだが、レースに進めるのは2台になってしまった。メカニックの夜を徹した作業の甲斐あって、2台のうち1台はレースを戦えるまでに修復され、3台体勢となる。彼らがせいぜい望めるのは僅差で負けること。完膚なきまでに打ちのめされたくはなかった。

しかしレースが始まるや、メルセデスとアウト・ウニオンの無敵ドイツ勢を向こうに回して、ヌヴォラーリがP3を勝利に導いた1935年のドイツGPの再現となる。あらゆる不利な条件をはね除け、156GTAは髪の毛一筋ほどの、しかし確たるギリギリの線で見事期待に応えた。オープニングラップの多重クラッシュで8台が餌食になるが、アルファ勢は生き延びる。ロベルト・コルチャゴのGTAが先頭でフィニッシュラインを越えたが、レース序盤にディルク・ミューラーに体当たりしたことで失格。2位でレースを終えたアルファ・チームのジェイムズ・トンプソンが繰り上がり、ポディウムの中央に立つ。終わってみればワークスとプライベートのGTAが4位までを占めた。イエルグ・ミューラーは3位で手堅くレースを運んだが、これもヌヴォラーリが勝利したレースの再現なのか、フィニッシュまであと2周のところでパンクに見舞われ、リタイアを余儀なくされた。波乱に富んだ第1レースのあと、第2レースは高速隊列走行に終始して、ミューラーが1位、GTAのコロネルとタルキーニがあとに続いた。この結果、タルキーニが総合優勝を果たし、アルファ・ロメオは7シーズン連続のタイトルを手にする。2位との差わずか1ポイントの勝利だった。

GTV(前ページ)とスパイダー(上)。ジュリエッタとジュリアでは、スプリントとスパイダーがまったく別のデザインだったのに対し、スタイル上の近似性がはるかに強い。ヘッドライトから始まり、一気にリアデッキに駆け上がるキャラクターラインが強いウェッジシェイプを強調する。

ALFA ROMEO Always With Passion

ガソリンか、ディーゼルか？

　フィアットによる買収後、アルファの新しい潮流として、モデルレンジ全般にわたりディーゼルエンジンの重要性がぐんと高まった。これまでディーゼルがラインナップで異彩を放ったことはなく、付け足し以上の価値があるとは認めてこなかった同社にとって、これは大きなポリシーの転向だった。そこには20世紀の最後の数年、ディーゼルエンジンの燃費と環境性能が飛躍的な向上を遂げた背景がある。

　愛好家向けのクルマに特化してきたアルファのようなメーカーにとって、これは危険を伴う軌道修正だった。確かに選択肢にディーゼルを加えれば新規の顧客を引き寄せられるかもしれない。しかし昔からのひいき客にそっぽを向かれては困る。アルファはもう伝統をリスペクトしていないのだと受け取り、他のメーカーに鞍替えする顧客の数が、新規顧客より多くなっては元も子もない。これまで扱ったことのない製品を導入するのは、どの自動車メーカーにとっても難しい仕事だが、とりわけ技術力とレースの伝統がものを言うマーケットセクターでは微妙なバランス取りが求められた。アルファがディーゼルに飛びつけば、フィアットからポリシーと優先順位を頭ごなしに押しつけられた結果とも受け取られかねなかった。さて、アルファはディーゼルを導入して成功を収めたのだろうか。

　一部ユーザーは、ディーゼルが加わったことで最新アルファの魅力が増したと歓迎している。事実、BBCの『トップ・ギア・バイヤーズ・ガイド』はディーゼルの1.9と2.4ℓ版はともに「パワーと経済性でクラスの水準を充分満たしている」と評価した。一方、同番組のジェイムズ・メイは手放しで受け入れるつもりはなく、GTクーペのディーゼルに限って言うなら、「素晴らしいディーゼルで、音までいい」と認め、「非常に力があるし、経済的でもある」と持ち上げたうえで、このエンジンに似つかわしいのはフォード・モンデオだと辛口に転じ、有り余るトルクは性能主導のクルマには不適切だと苦言を呈した。

　旧世代のディーゼルに対し、新技術のメリットにいち早く反応したメディアもあった。『デイリー・テレグラフ』紙は、コモンレール後期型の第1弾を次のように評す。「新しい制御システムを備えるM-JETと組み合わされた直列4気筒は、シリンダーへの噴射回数を増やすことで、燃料を漸進的に燃焼させて驚くべき成果を上げた。パワーとトルクは途方もない数値に上がり、排ガス中の有害物質は減り、燃費が向上した。加えて騒音と振動の両面で目覚ましく洗練されている。多重噴射を可能にしたM-JETは燃費を改善し、目も醒めるような動力性能を実現した」

　156にオプションで用意された新型5気筒ディーゼルは、『トップ・ギア』ですら評価した。「ラインナップのなかには新型エンジンもある。5気筒20バルブの2.4ℓで175bhpと巨大な393Nm（39.3mkg）のパワー／トルクを発揮する。そう、これもディーゼルだ。マルチジェットJTDの新世代のひとつで、フィアット系で登場した。これは大したエンジンだ。パワーデリバリーはスムーズで力強い。洗練度は高く、ノイズレベルは低い」皮肉だったのは、もともとフィアット設計のこのディーゼル、後にGMが開発して両社で共用したこと。アルファがオペル・アストラやヴェクトラと同じエンジンを積むことになる。

　生産期間の折り返し点を迎えたスパイダーとGTVの魅力は依然としてフレッシュだったが、アルファは手を休めることなくアップデートを施したうえ、2004年にはビッグニュースとなる第二の矢、アルファGTを放つ。2003年秋のフランクフルト・ショーでデビューしたアルファGTは、やはり156をベースにしていた。スタイルを手がけたベルトーネは、いつもより断固とした調子で伝統的なアルファのパーソナリティーを前面に打ち出し、これがターゲット顧客層のハートを捕らえた。クロームのグリルから始まる2本のラインは滑らかなカーブを描きつつ、入念に形状を整えたボンネットを辿り、実用に足るリアシートを備えるキャビンを通過、絶妙のバランスを保つテールへと連なる。

　一方、インテリアのデザインは、昔の実質本位だったアルファからさらに一歩遠ざかり、ますますコンフォート指向を強め、イタリア的な華のあるデザインをアピールする。かっちりしたフィッティングのGTでは、深いひさしの奥に計器が位置し、香りも芳しいソフトレザーの内装がオプションで用意された。ステアリングホイールはリムこそ太めだが、3スポークにしてかつての黄金時代と結びつけている。キセノンヘッドライト、トラクションコントロール、ABSブレーキなど最新の安全装備にも抜かりはない。

　GTに試乗したメディアは概してハンドリングとレスポンスを高く評価した。この2点はアルファの伝統を色濃く残し、しかも現代のテクノロジーと巧妙な設計によって磨きがかけられていた。ただし疑いの目を差し挟む余地はあった。アルファの宣伝は、外観はスマートな2ドアクーペながら、5人乗りフルサイズの乗用車に匹敵する室内空間とそれにマッチしたトランクが潜んでいます。申込書にサインをしたばかりのあなたにとって嬉しいサプライズになるでしょう、と謳った。しかし実際にはリアシートは

2名にぎりぎりのスペースしかない。前に倒せば、アルファの言い分通りのラゲッジスペースができたが、これでは人が乗れない。つまりGTではリアパッセンジャーと荷物を同時に収容することはできなかったわけだ。

とはいえ、GTはドライビング・ダイナミクスで全メディアから高い評価を得た。発表時のエンジンには2ℓのJTSガソリンと、1.9ℓのマルチジェット・ディーゼルの選択肢があったが、『トップ・ギア』誌のジェイムズ・メイは迷うことなくひとつを選ぶ。「これは素晴らしいディーゼルで、音までいい。非常に力があるし、経済的でもある。それでも私は好きになれない。モンデオに載せたら最高だろう。アルファのディーゼルがイタリア本国では何年も前から普及していることも知っている。でも私にはどうしてもしっくり来ない。頭に血が上っていると思われても構わないので、ホンネを言わせてもらう。アルファGTとは腕に覚えのあるドライバーが、首根っこをぐいと捻ってやりたいと思うクルマ。そんなクルマにディーゼルのたっぷりしたトルクは邪魔なだけだ。だから156GTAの3.2ℓ24バルブV6が加わる秋まで待った方がいい（ただし少しだけデチューンされて240bhpになる）。このエンジンも基本的にトルクは有り余っているから、ぞんざいに走らせると3.2GTは路面をかきむしるばかりで、ちっとも前に進まないだろう。しかしこの点さえわきまえていれば、朗々たる高回転域を味わうことができる。今なおこのV6は、生産型エンジンのなかでも屈指のカリスマ性に富んだ傑作だと思う」メイの言うV6と並んで、1.8ℓのツインスパークも2004年秋にエントリーレベルのエンジンとしてラインナップに加わったが、アルファ愛好家は大抵もっともパワフルなV6を選んだ。

一方、一部の愛好家からは辛口のコメントも寄せられた。GTのデザインは過去の遺産に頼りすぎだし、現代の厳しい市場競争のなか、アルファはライバルに切り札を安易に出し過ぎるというのだ。また先祖返りを果たしたグリル

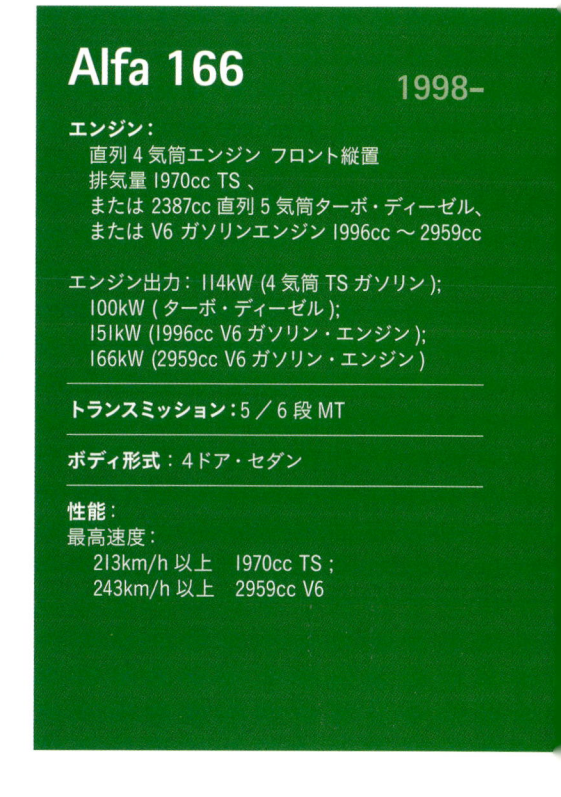

Alfa 166
1998-

エンジン：
直列4気筒エンジン フロント縦置
排気量 1970cc TS、
または 2387cc 直列5気筒ターボ・ディーゼル、
または V6 ガソリンエンジン 1996cc 〜 2959cc

エンジン出力： 114kW (4気筒 TS ガソリン);
100kW (ターボ・ディーゼル);
151kW (1996cc V6 ガソリン・エンジン);
166kW (2959cc V6 ガソリン・エンジン)

トランスミッション： 5／6段 MT

ボディ形式： 4ドア・セダン

性能：
最高速度：
　213km/h 以上　1970cc TS;
　243km/h 以上　2959cc V6

未来のアルファはこうなる？ アウディやBMWのエンブレムをつけてもそれほど場違いには見えないアルファGTのサイドビュー。

ALFA ROMEO Always With Passion

は大きすぎ、他の部分のデザインと調和していないと酷評を浴びせる向きもあった。さらに批判派の多くは、GTのスタイルは褒められすぎ、実体は156を2ドアに焼き直したに過ぎないと指摘する。GTに納得しないアルファ通は、来るべき理想の形状は"伝統派"アルファの最新型、すなわち2003年中盤に刷新された2ドアクーペのGTVに昇華されていると主張する。

　スペックがすべてを語っている。GTVはGTと同じ2種のエンジンをもって市場に登場した。2ℓJTSガソリン・エンジンは、1500rpmまではリーンバーン・エンジンとして機能し、それから上の回転数ではピーク効率優先の燃焼に切り替わる。82bhp／ℓ、0－100km/h加速8.4秒、最高速220km/hと、胸の空くような数字が並ぶ。一方、総アルミ製24バルブ3.2ℓV6は156GTAと147GTAと共用で、最大出力240bhp、0－100km/h加速6.3秒、最高速255km/hとパフォーマンスは跳ね上がる。アルファによれば、V6のGTVはそれまでのアルファ史上最速の生産モデルなのだという。

　確かに現実の世界では直線路のパフォーマンスがすべてではない。とはいえ、アルファが多大な努力を払って、このクルマにふさわしいレスポンスを実現したのは評価されて然るべきだ。マクファーソンストラットのフロント・サスペンションにはスタビライザーが追加になり、大きなV6が生むパワーをしっかりと路面に伝えるようになった。ブレーキ性能の進歩も著しく、前後輪の通風口付き大径ディスクに備わるABSとEBDが制動力を強化する。さらにアルファではASR（アンチ・スリップ・レギュレーション）と呼ぶ装置が、加速時に駆動輪が空転するのをコントロールする。

　長い歴史を誇るアルファ・ロメオ。そのアルファの心臓はフィアットの傘下に

斜め上方から見るアルファGT。コンパクトで目的に忠実なフォルムはアルファの伝統。フレアしたホイールアーチと、その縁まで踏ん張るタイアにも、かつてのアルファの特徴が再現されている。

12. ALFAS FOR A NEW CENTURY

入ったあとも力強く鼓動を打っている。それをもっとも明らかに示しているモデルがGTVであり、スペックがほぼ同じで、姿もよく似たスパイダーだと言っていいと思う。見てよし、走らせてよしのこの2モデル、そのルックスとパフォーマンスの魅力的な組み合わせを考えると、価格が安いことに改めて驚かされる。企業としてのアルファは社主が変わり、製品としてのアルファは新たな技術水準に立脚している。しかし残念なことに、アルファが昔から抱えているふたつの問題は、こうした変遷を生き延びて今なお残っている。ひとつは資金である。その歴史を通じて慢性的な資金不足に苦しみながら、アルファ・ロメオは傑出した業績を挙げてきた。しかし要求が厳しく、競争も熾烈な現代の市場が相手の自動車作りとは、先行きが不透明で、ひどく金のかかるビジネスであり、フィアットのように財政的に安定していたはずのメーカーでさえ、キャッシュの問題と無縁ではいられないようだ。フィアット傘下に入った今も、アルファの財政的問題は解決しないままである。

もうひとつの問題は、消費者がブランドとしてのアルファをどう受け止めているかに関係がある。BBCが製作するTV番組『トップ・ギア』は、166の最新版はクォリティも高く、実に望ましいクルマだと賞賛した。普通なら経営陣一同が満面の笑みを浮かべる評価だが、同番組では新車で購入した166の価値は1年で半減することも明らかにしている。アルファのリセールバリューが急落する理由は、かつて付きまとった貧弱なビルドクォリティ、お粗末な金属加工技術、イタリアの気候しか念頭に置いていない防錆対策にあった時期にあった。しかし今は違う。アルファはこれらの弱点に正面から取り組み、取り除きつつある。にもかかわらずアルファの残存価値だけが急落を続けるのは、フェアとは思えない。しかし問題は一般消費者がアルファ・ブランドをどう認識しているかに関わっている。消費者の見方を変えるのは、技術的問題を解決するよりはるかに難しい。アルファがこの問題を解決できた暁には、企業にとって、製品にとって、そして顧客にとって、21世紀は前世紀よりはるかに成功をもたらす100年になるに違いない。

アルファGTのフロントについては、アルフィスタのあいだでも意見が分かれる。凝りすぎの余りデリカシーに欠けるという意見もあれば、過去から連綿と続くアルファの主題を大胆に表現しているという意見もある。リアスタイルはあまり論争の種にはならないようだ。写真のようにカーブが連続したステージでは、追い越して行くGTのリアビューを見る機会が多いことだろう。

173

謝辞

　本書を製作する準備の段階で数多くの方から助力を賜り、この場を借りて御礼申し上げる。とりわけ以下の方に御礼を申し上げる。

　アルファ・ロメオ1900レジスターのピーター・マーシャル。ご親切に写真を貸してくださり、1900の重要な情報を明らかにしてくださった。

　ロンドンに本拠を置くアルファのスペシャリストRMレストレーションズ・リミテッドのクリス・ロビンソン。寛大にも長時間を割いて旧いアルファの強みと弱点につき討議してくださった。

　アルファ・ロメオ・オーナーズ・クラブ・モントリオール・レジスターのクリス・スレイド。モントリオールを所有する彼は、オーナーレベルで改良するにあたり、深い見識を披露してくださった。

　BLSオートモーティヴのトム・シュラッブ。アルファスッドを購入し、維持するための助言をくださった。

　オートメオのレス・ダフティ。アルフェッタ系のトランスアクスル・アルファに関する詳細なアドバイスをくださった。

　『クラシック＆スポーツカー』誌のミック・ウォルシュ、リチャード・ヘゼルタイン、マーク・ヒューズ。長年にわたり多くのアルファを操縦してきた体験を語ってくださった。

　イタリアでアルファ・ロメオのアーカイブを管理するエルヴィーラ・ルオッコ。多数の秀逸な写真を迅速にご用意くださった。

　メカニカル・エンジニアにして、1965～90年までアルファのディーラーを務めたノースヨークシャー州モルトンのアルウィン・カーショー。現存する旧型モデルが抱えていると思われる弱点に関して、価値の付けようのないアドバイスをくださった。

　トリノのANFIAのアーノルト・デュプレズ。生産台数の統計資料で助力を賜った。

Index

A. L. F. A. (会社)	7-9
BMW	89, 145, 167, 171
MG	59
Osi, カロッツェリア	70
SAID (Societa Anonima Italiana Darracq)	7

アウディ　171
アウト・イタリア (雑誌)　163
アウト・デポカ (雑誌)　31
アウト・ウニオン　16, 169
アウトデルタ　79, 94, 106
アスカリ, アントニオ　12
アルファ・ロメオ (会社)
　6, 9, 11, 12, 16-19, 23, 26, 28, 31, 32, 37, 40, 41, 44, 45, 48, 50, 54, 55, 57, 58, 66, 68, 72, 75, 79, 80, 84, 88, 89, 92-94, 98, 101, 102, 106, 112, 116, 121, 122, 124, 133, 138, 139, 142, 144, 145, 150, 153, 154, 156, 157, 160, 162, 163, 168, 170, 172, 173
アルファ生産車, 年代順：
　24HP　7, 8, 10
　15HP　7
　40-60HP　8, 10
　40-60HP コルサ　7, 8, 10
　1914年グランプリカー　8, 10, 11
　G1　10
　G2　10
　RL　10
　RL スポルト (RLS)　10, 11
　RL スーパー スポルト (RLSS)　11
　RL タルガ・フローリオ (RLTF)　10, 11
　RL ノルマーレ (RLN)　11
　RM　12
　GPR (P1)　11, 12
　P2 GP カー　11-15
　6C 1500　12, 13, 162
　6C 1750　13, 14, 15, 20, 162
　6C 1900　14
　8C 2300　14-17, 60, 162
　6C 2300　17
　8C モンザ　15, 162
　ティーポ B(P3) GP カー　15-17, 162, 169
　6C 2500　17-19, 22, 26, 162
　8C 2900　17
　ガゼッラ　18, 19
　1900 ベルリーナ　18-23, 25, 26, 28, 30-34, 44, 52, 66, 68, 83, 84, 89, 92, 97, 116, 123, 132, 162
　1900 TI　19, 23, 27, 30, 34
　1900 スプリント　19, 24, 25, 27, 29, 30
　1900 スーパー　27
　1900M　26, 30

1900 スーパー・スプリント　24, 27, 29
ディスコ・ヴォランテ　28
BAT　28, 29
ジュリエッタ・ベルリーナ　23, 27, 32-37, 40-44, 49, 51, 52, 54, 58, 61, 66, 68, 69, 74, 78-80, 83, 84, 88, 89, 93, 98, 100, 106, 112, 116, 123, 132, 139, 142, 162, 163
ジュリエッタ・スプリント　32, 37, 39, 52-55, 57, 58, 60, 61, 65
ジュリエッタ・スパイダー　34, 53, 55-58, 74, 78
ジュリエッタ TI　33, 34, 36, 39, 40, 46, 67, 120
ジュリエッタ・スプリント・スペチアーレ (SS)　61-63, 65, 74, 111
ジュリエッタ・スプリント・ザガート (SZ)　60, 61, 112
2000 (6気筒) ベルリーナ　66-70, 73, 83
2000 (6気筒) スパイダー　67, 68
2000 (6気筒) スプリント　67-69
2600 ベルリーナ　43, 66, 67, 69, 70, 72, 73, 146
2600 スパイダー　43, 69, 70, 72
2600 スプリント　43, 70-73
ジュリア TI　42-46, 48, 58, 92, 94
ジュリア・スパイダー　75, 78
ジュリア・スプリント　52, 59, 64, 68, 74
ジュリア SS　53, 62, 94
ジュリア TI スーパー　44
ジュリア・スプリント GT　98, 99, 100, 105
ジュリア・スーパー　43, 45, 46, 48-50, 75, 89
ジュリア GTC　101
ジュリア・スプリント GT ヴェローチェ (GTV)　74, 75, 79, 86, 100-104, 107, 108
ジュリア GTA/GTAm　75, 94, 105, 106, 107, 110, 142
デュエット (ジュリア・スパイダー 1600)　74, 75, 78, 79, 81, 83, 84, 90, 101
4R ザガート　111
ジュリア GTZ (トゥボラーレ)　112, 113
モントリオール　99, 107-109
1750 ベルリーナ　73, 79, 80, 83, 88-94, 102, 116, 132, 134, 135, 152, 162
1750GT ヴェローチェ　90, 98, 99, 102, 104, 114
1750 スパイダー・ヴェローチェ　74-76, 79-81, 83
2000 (4気筒) ベルリーナ　84, 88, 89, 94-97
2000 (4気筒) スパイダー・ヴェローチェ　74-76, 83-86, 94, 109, 119

2000 (4気筒) スプリント GTV　94, 98, 99, 105, 109, 110, 114
アルファスッド　116-131, 144-146
アルフェッタ・ベルリーナ　23, 132-5, 137, 140-142, 146, 149, 150
アルフェッタ GT/GTV　133, 136, 138-140, 143, 145, 147
GTV6　133, 143, 146-149, 156
ジュリエッタ (1977年以降)　142, 144-146
33　128, 145, 146, 147, 149, 150, 152, 153
アルナ　145
6　145-147, 149
90　143, 149, 150, 156
75　147, 149, 150, 152
SZ　150-151
164　147, 152-154
155　147, 153-155
145　147, 154, 159
156　154-155, 158, 160, 163-165, 168, 170, 172
166　154, 157, 158, 166, 168, 173
アルファ・コルセ　48, 102
146　147, 154, 159
147　159, 160, 161, 163, 164, 172
147 GTA　163
156 GTA　163, 164, 167, 170-172
スパイダー　160, 169, 170, 173
GTV　160, 169, 170, 173
ブレラ　166
GT　168, 170-172
アレーゼ工場　99, 100, 123, 158
ヴィラ・デステ　159, 162, 164, 165
オースティン・ヒーレー　59
オート・エクスプレス (雑誌)　166
オートカー (雑誌)　22, 38-40, 55, 92, 104, 109, 120, 153
オートスポート (雑誌)　61, 125, 135, 142

カー&ドライバー (雑誌)　111
カーマガジン (雑誌／米)　140, 147, 167
カロッツェリア・トゥリング　158
ギア, カロッツェリア　25, 27, 53
クアトロルオーテ (雑誌)　111
クープ・デザルプ　28, 122
グラン・プレミオ・ジェントルマン (レース)　10
グランプリ世界選手権 (F1含む)　12, 13, 16, 30, 133, 138
クレモナ・サーキット　12
コッリ, カロッツェリア　36
コルキアーゴ, ロベルト　170
コロネル,　170

サーブ　152, 156
　9000　152
サガート, カロッツェリア　27, 58, 60, 61, 103, 111, 150
　ジュニア Z　152
　RZ　150

SZ	150, 152	

サッタ (オラツィオ・サッタ・プリーガ)
　　23, 43, 90, 97, 134
サネージ, コンサルヴォ　　30
ザパティーニ　　160
サラブレッド＆クラシックカー (雑誌)　75
シヴォッチ, ウーゴ　　11
ジウジアーロ, ジョルジェット
　　49, 124, 137, 165, 166
シチリア・ラリー　　30
ジュネーヴ・モーターショー　　45
ジュネーヴ・ラリー　　39
ジョヴァナルディ, ファブリツォ　163
スパ 24 時間　　94
ゼネラル・モーターズ　　170
セブリング 12 時間　　112
卒業 (映画)　　79

タイプ 4 プロジェクト　　152, 157
ダラック, アレキサンドレ　　6, 7
タルガ・フローリオ　　7, 8, 10-12, 15, 112
タルキーニ, ガブリエーレ　　169, 170
大逆転 (クロスプロット) (映画)　79
ツーリングカー選手権　163, 165, 166, 168
ツールド・フランス　　112
データ :
　1900　　19
　ジュリエッタ・ベルリーナ, TI　33
　ジュリア TI, スーパー　　43
　ジュリア・スプリント　　53
　ジュリア 1600 スパイダー
　　/ スパイダー・ヴェローチェ　53
　ジュリエッタ・スパイダー
　　/ スパイダー・ヴェローチェ　53
　ジュリエッタ・スプリント
　　/ スプリント・ヴェローチェ　53
　ジュリエッタ・スプリント・スペチアーレ　53
　2000(6 気筒)　　67
　2600　　67
　デュエット　　75
　1750 スパイダー・ヴェローチェ　75
　2000 スパイダー　75
　1750/2000 ベルリーナ　　89
　ジュリア・スプリント GT/GTV　99
　1750 スプリント GTV/2000 GTV　99
　モントリオール　99
　アルファスッド / スプリント　117
　アルフェッタ /GT/GTV6　133
　ヌオーヴァ・ジュリエッタ　133
　ディスコ・ヴォランテ　28, 74
　33　　147
　75　　147
　145/146　　147
　155　　147
　164　　147
　147　　160
　GTV　　160
　スパイダー　160
　156　　163

GT　　168
　166　　171
ドイツ GP 1935 年　170
トゥーリング, カロッツェリア
　21, 24, 25, 27, 30, 67
トップギア (雑誌／ TV)　170, 171, 173
トライアンフ　　97
トリノ・スポーツカー・ショー　79
トンプソン, ジェームズ　　170

ナポリ　　123
ニッサン　　145
　パルサー (チェリー)　145
ニューヨーク・モーターショー　28
ヌヴォラーリ, タツィオ　169, 170

バイヤーズ・ガイド :
　1900　　31
　ジュリエッタ TI, ベルリーナ　41
　ジュリア TI, スーパー　　51
　ジュリエッタ・スパイダー / スプリント　65
　ジュリア・スパイダー / スプリント　65
　2000 (6 気筒)　　73
　2600　　73
　デュエット　　87
　1750 スパイダー・ヴェローチェ
　　/2000 スパイダー　　87
　1750/2000 ベルリーナ　97
　ジュリア・スプリント GT/GTV　115
　1750 スプリント GTV/2000 GTV　115
　モントリオール　115
　アルファスッド / スプリント　131
　アルフェッタ /GT/GTV6　143
　ヌオーヴァ・ジュリエッタ　143
バッツィ, ルイジ　　11
パリ・モーターショー　　57
パルマ―ポッジョ・ディ・ベルチェット・ヒル
　クライム　　8, 10
ピニンファリーナ　22, 25, 55, 74, 75, 152
ファリーナ, カロッツェリア　22
ファンジオ, フアン・マヌエル　21, 24
フィアット　　11, 12, 49, 123, 150, 152-158,
　160, 170
　クーペ・ターボ　165
　クロマ　　152
　ティーポ　　153-155
フィジケラ, ジャンカルロ　169
フェラーリ, エンツォ　　11
フォード　　150
フォルクスワーゲン　116, 118, 123, 124, 144
フランクフルト・モーターショー　98, 170
フランス GP　　12
ブリュッセル・モーターショー　80
ブルノ GP　　16
フレーザー・ナッシュ　22
ブレシア・スピードウィーク　10
ブレシア, サーキット　9
ベル・アンド・コルヴィル　84, 127
ベルトーネ, カロッツェリア

　28, 29, 37, 42, 52-55, 60, 61, 68, 74, 89,
　90, 98, 105, 107, 112, 149, 170
ベルリーナ・アエロディナミーカ・テクニカ
　(BAT)　　28
ボアノ, カロッツェリア　27, 53
ホイールス (雑誌)　123
ボネスキ, カロッツェリア　27
ホフマン, ダスティン　79
ポリミアーノ・ダルコ　123, 145, 150
ポルシェ　　41, 53, 79, 123
ポルテッロ　　18, 22, 54, 100, 123
ホワット・カー ? (雑誌)　154

マルセイユ GP　　16
マルチジェット・エンジン
　　161, 163, 165, 170, 171
ミッレミリア　　13, 15, 17, 30
ミューラー, ディルク　169
ミューラー, イエルグ　169
ムーア, ロジャー　79
メイ, ジェームズ　170, 171
メルセデス・ベンツ　16, 135, 149, 170
　190　　149
メロージ, ジュゼッペ　7-11, 23
モーター・トレンド (雑誌)　136
モーター (雑誌)
　37, 38, 79, 102, 104, 121, 125
モータースポーツ (雑誌)　125, 136, 140
モンツァ　12, 15, 42, 44, 46, 94, 169

ヤーノ, ヴィットリオ　11-17, 23
ヨーロッパ・ツーリングカー選手権
　94, 106
ヨーロッパ・マニュファクチャラーズ選手権
　105
ヨーロッパ GP　　12, 15

ラリーニ, ニコラ　169
ランチア　　152
　テーマ　　152
リカルト, ウィルフレード　23
リヨン―シャボニエール・ラリー　39
ルオーテクラシケ (雑誌)　31
ルシュカ, ルドルフ　53, 116, 123
ルマン 24 時間レース　112
ローヴァー　　26, 97, 108
ロード・アンド・トラック
　48, 49, 55, 58, 61, 75, 78, 83
ロードテスト　136, 137, 141
ロールス・ロイス・シルヴァー・ゴースト
　　162
ロメオ, ニコラ　9
ロンドン・モーターショー　22